JIESHUI GUANGAI SHEBEI XUANXING

节水灌溉
设备选型

奕永庆　陈　瑾　著

中国农业科学技术出版社

图书在版编目（CIP）数据

节水灌溉设备选型 / 奕永庆，陈瑾著 . -- 北京：中国农业科学技术出版社，2024.3

ISBN 978 - 7 - 5116 - 6641 - 3

Ⅰ . ①节… Ⅱ . ①奕… ②陈… Ⅲ . ①农田灌溉—灌溉机械 Ⅳ . ① S277.9

中国版本图书馆 CIP 数据核字（2023）第 244932 号

责任编辑 崔改泵
责任校对 李向荣
责任印制 姜义伟 王思文

出 版 者 中国农业科学技术出版社
北京市中关村南大街 12 号 邮编：100081
电 话 （010）82109194（编辑室） （010）82109702（发行部）
（010）82109709（读者服务部）
传 真 （010）82109194
网 址 https:// castp.caas.cn
经 销 者 各地新华书店
印 刷 者 北京地大彩印有限公司
开 本 185 mm×260 mm 1/16
印 张 10.5
字 数 230 千字
版 次 2024 年 3 月第 1 版 2024 年 3 月第 1 次印刷
定 价 60.00 元

内容提要

本书内容分为六章：第一章阐述节水灌溉对于我国农业现代化和粮食安全的重要性；第二章介绍喷灌、滴灌、微喷灌、管灌、渠道防渗等五项常用节水灌溉技术的特点及适应范围；第三章为常用灌溉材料和设备性能介绍；第四章是节水灌溉工程案例；第五章是水肥一体化基础知识；第六章为水稻节水灌溉，书末附录为节水灌溉企业简介。书中所述内容均来自作者实践和调查，理论联系实际，通俗易懂，实用性和操作性强，可供新型农业经营主体带头人，灌溉工程设计、工程施工的工程师和技术人员使用，可供灌溉企业了解其上、下游产品，也可供农业、水利院校相关专业的教师和学生参考。

作者简介

奕永庆 1951 年生，浙江余姚人，教授级高级工程师，全国劳动模范、享受国务院特殊津贴专家、ICID 国际节水奖获得者、全国农业节水科技突出贡献奖得主。

长期从事农业水利建设和节水灌溉技术推广，主要研究和推广"水稻薄露灌溉"和"喷滴灌优化设计"两项技术，均由浙江省政府召开现场会大面积推广。出版《经济型喷微灌》《经济型喷滴灌技术 100 问》《喷滴灌效益 100 例》《喷滴灌优化设计》等著作 6 本；获得国家专利授权 20 项，其中发明专利 15 项；发表论文 40 多篇，其中 10 篇在国际会议上用英语宣读；2005 年以来被聘为河海大学兼职教授、浙江水利水电学院客座教授；2019 年被浙江同济科技职业学院聘为节水大师；2021 年被北京水源保护基金会聘为首席专家。

陈瑾 1980 年生，浙江兰溪人，浙江同济科技职业学院教师。从事农业水利相关教学工作多年，主编或副主编的教材有《灌溉与排水工程技术》《现代节水灌溉技术》《建筑材料与检测》等；获 2019 年浙江省高职院校教学能力大赛二等奖、2020 年浙江省高校教师教育技术成果二等奖，多次指导学生参加相关技能竞赛，并于 2023 年获国赛智能节水系统设计与安装赛项一等奖。获国家授权专利 2 项。

习近平总书记和中共中央有关文件对农业节水的论述

这（苹果滴灌和精细化管理）就是农业现代化，你们找到了合适的产业发展方向。

陕北的气候、光照、纬度、海拔等非常适宜发展苹果种植，加上滴灌技术……这是最好的、最合适的产业，大有前途。

——2022 年 10 月 26 日习近平在延安考察时的讲话

积极发展节水型农业，不要搞大水漫灌。

——2020 年 6 月 9 日习近平在宁夏考察时的讲话

节水优先、空间均衡、系统治理、两手发力。

——2014 年 3 月 14 日习近平谈新时期治水方针

加强高标准农田建设。……统筹推进高效节水灌溉，健全长效管护机制。

——2023 年 1 月 2 日 2023 年中央一号文件

要大力发展节水农业，把推广节水灌溉作为一项革命性的措施来抓……

——1998 年 11 月 30 日中共十五届三中全会决议

序一

　　喷滴灌技术是现代农业的重要标志，综观世界上农业强国，都广泛应用喷滴灌技术，以色列更是应用滴灌技术创造了沙漠农业的奇迹。2007 年我去以色列考察，看到所有植物根部都有黑色的滴灌管连着，有管的地方就有绿色和鲜花。同时了解到他们作物的产量是我们丰水地区的 5 ~ 10 倍，而且品质很好，这使我强烈感受到：喷滴灌不仅是节水抗旱，而且也能降低施肥、喷药、灌溉的人工成本（浙江省的当务之急），同时还是精准作业减少水肥药的资源消耗，提升农产品品质的需要。这是传统农业向高效农业转变的重要抓手和切入点。而要高起点加快这一进程，开放引进是比较好的途径。因此，我们在以色列考察相关企业，并讨论引进设备，保证传授喷滴灌操作技术，并确保辅导各种农作物在喷滴灌条件下栽培技术的基础上，在浙江省 11 个地市的各类经济作物都抓试点，决定用 1 000 万元人民币引进喷滴灌设备，在全省布局 23 个示范点。

　　回国后，我到各地调研喷滴灌情况，2008 年初，我收到奕永庆同志送来的喷滴灌推广总结资料，看到喷滴灌技术运用在余姚已经有了很好的基础，原来，20 世纪 70 年代末全国开始抓实现农业机械化，曾经推广过喷滴灌技术，但当时设施成本高，江南不缺水，人工成本低，没有高效农业的需求动力，基本没有推广开来，只有浙江余姚坚持下来，做大了，农民受益

了。原因是县领导和奕永庆同志等技术人员把节水灌溉的普遍原理与余姚农业农村的具体条件相结合，创造性的实施了经济型喷滴灌（为降低阀门成本，他们把排水用的大水管进水口里插一个小水管就成了阀门，小水管拔掉，就相当于阀门打开了）。我多次到余姚调研后发现，喷滴灌在梨树、葡萄、蔬菜、兔场、猪场和毛竹生产等的应用中都能降本增效，我切身体会到喷滴灌是转变农业增长方式的重要切入点，余姚的农民已经有了实践经验，余姚的水利农技人员已经有了成熟的技术经验总结，余姚是个好典型。2009年浙江省政府在余姚召开了现场会并下发了推广文件，还连续两年把"省长机动资金"各1 000万元，用于全省喷滴灌技术推广示范工作，旨在加快这项技术在全省推广。经济型喷滴灌是把国外的喷滴灌技术中国化的重要突破，取得这个成果一靠余姚有良好的环境，二靠余姚有人热情试验研究；有关人员的作用得以充分发挥出来，这其中奕永庆同志起了重要作用，他探索总结的有关技术资料是他们创新实践的结晶，是造福农业、农民的宝贵财富。

由于工作关系，我对奕永庆同志了解较多。他长期从事农田水利工作，20世纪末研究水稻节水灌溉，得到省政府重视并在余姚召开过现场会，21世纪初以来研究经济型喷滴灌技术，潜心于把科学技术转化为生产力，为农民增加收入、降低生产成本、减轻劳动强度殚精竭虑，他是把论文写在大地上的卓越工程师。他的工作受到广大农民的欢迎，得到各级领导的肯定，相继获得国务院特殊津贴专家、国际节水技术奖、浙江新农村建设带头人·金牛奖、全国劳动模范、全国农业节水科技突出贡献奖等荣誉，这是社会对他的至高褒奖，退休以后，奕永庆同志担任余姚市老科技工作者协会会长。他联系农户，帮助农民用好节水灌溉设施和水肥一体化技术；联系灌溉企业，为他们提供技术创新服务；同时走进大学校园、机关，为青年学生、年轻干部作励志报告；还走进社区、农村为市民、农民作科普讲座。奕永庆同志善于创新实践，还善于理论总结，笔耕不辍，出版多部专著，为农业现代化添砖加瓦，为年轻一代励志鼓劲，继续为社会主义现代化强国建设贡献正能量。奕永庆发挥了老科技工作者助力乡村振兴、助力企业技术创新、为全民科学素质提升服务等带头作用，使余姚市的老科协工作一直走在前列。

值此奕永庆等同志的新作《节水灌溉设备选型》以及他的回忆录《用奋斗托举梦想》出版之际，特此祝贺，是为序。

浙江省老科技工作者协会会长

2023 年 9 月 24 日　于杭州

（注：茅临生，曾任浙江省杭州市市长，浙江省人民政府副省长，浙江省委常委兼宣传部部长，浙江省人大常委会党组书记、常务副主任）

序二

我国的基本国情是人多、地少、水缺，还有 8 亿多亩旱作耕地，产量不足灌溉地的一半。近十年来我国年均进口粮食在 1.2 亿吨以上，对外依存度在 20% 左右，形势严峻。习近平总书记指出："粮食是'国之大者'，耕地是粮食生产的命根子""真正把 15.46 亿亩永久基本农田建成适宜耕作、旱涝保收、高产稳产的现代化良田"。全面实施节水灌溉，实现在农业用水总量不增加的前提下，扩大灌溉面积，提高耕地单产和总产量，这是确保我国粮食和主要农产品安全的根本途径，也是农业强国、产业振兴不可或缺的基础设施，这是时代赋予我们的历史使命，也是灌溉行业的历史性机遇。

近日收到奕永庆、陈瑾同志的新作书稿《节水灌溉设备选型》，十分欣喜，在我记忆中奕永庆同志出版过多本节水灌溉著作，分别侧重"设计""科普""推广"方面，而这本"设备选型"的问世，就完成了一套"节水灌溉系列丛书"，同时也为我国节水灌溉图书填补了空白，我向作者表示热烈的祝贺！仔细浏览，感到书稿既积淀了作者多年实践经验和思考，又融汇了对灌溉企业的大量调查研究，资讯量大面广，具有较高的可读性和实用价值，主要体现在如下几方面。

（一）为广大设计单位和农户提供了灌溉设备的"选择指南"。

（二）帮助灌溉企业了解"同类"产品和"上下游"产品。

（三）为灌溉企业和相关单位及广大农户提供了节水灌溉设计的新理念、节水灌溉发展的新方向、节水灌溉产品应用的新领域，例如：

（1）"小流量设计"可以提高灌溉质量，同时降低工程造价。

（2）"智能化＋电磁阀"可节约90%管理用工，是发展的新方向。

（3）微喷灌可用于畜禽养殖场，喷雾是最节能的降温措施，喷药是最省工的消毒措施。

（4）"垂直植物工厂"可不占耕地，建在城市、沙漠、戈壁上，可年产蔬菜15～20茬，是设施农业、水肥一体化的高级阶段。

（5）"水稻节水灌溉"面积大，对输水管道、供水阀门、智慧控制等产品需求量极大。

（6）在灌溉系统中安装流量计、农灌水表，既是科学灌溉的需要，又是计量收费、确保工程进入良性循环的基础。

（7）土壤湿度计（张力计、墒情仪）应该像温度计那样普及，以提高灌溉的科学性。

（8）盐碱地改造、城市绿地、道路绿带、庭园绿化是采用节水灌溉的新领域。

（9）解决喷灌与农业机械的矛盾，面积百亩以上可采用移动喷灌机，面积较小的则采用升降式喷头，技术上已基本成熟。

（10）设计施工＋运行管理一体化的"元谋模式"，是确保工程长期发挥效益的有效机制。

以上十点可供新型农业经营主体带头人和灌溉同仁参考。

奕永庆同志1966年初中毕业，在回乡务农期间刻苦自学高中课程，1978年考取大学（当年录取率7%），学习水利工程机械专业；1982年大学毕业从事农田水利，结合工作又自学了机电排灌、机电一体化、农田水利、作物栽培、给排水等本科课程；20世纪90年代推广水稻节水灌溉，进入21

世纪推广喷滴灌，这两项技术都由浙江省政府召开现场会大面积推广；他自学英语，多次在国际会议上用英语宣读论文；他攻读在职研究生，获得了武汉大学工程硕士学位；他被授予国务院特殊津贴专家、全国劳动模范等崇高荣誉。2013 年国际灌溉排水委员会授予他当年全球唯一的"国际节水技术奖"；2019 年在新中国成立 70 周年之际，中国农业节水和农村供水技术协会授予他"农业节水科技突出贡献奖"。我是这两项荣誉的推荐者和见证者之一。作为时任国际灌溉排水委员会主席，我于 2013 年 10 月 1 日在土耳其马尔丁市召开的国际灌溉与排水委员会第 64 届执行理事会上为他颁发了国际节水技术奖证书。

武汉大学老校长刘道玉说："真正的人才都是自学成才的，一个人是否能够成才，不取决于名校和名师，只能取决于自己，具体地说决定于自己的志趣、理想和执着精神。"奕永庆同志就是这样一位自学成才的典型代表。

业精于勤，历经五年打磨，今年奕永庆同志还完成了回忆录《用奋斗托举梦想——一位全国劳模的回忆与感悟》著作，他的切身感悟引起我的共鸣："读书很重要，'书到用时方恨少'，实践更重要，'绝知此事要躬行'，知行合一最重要，'知是行之始，行是知之成'，谁把理论与实践结合得最好，谁就是最成功的人。"奕永庆来自王阳明的家乡浙江余姚，他是"知行合一"理念的成功践行者。我相信他的奋斗经历和切身感悟一定能给新时代的青年以启迪：无论从事什么工作，只要既志存高远、又脚踏实地，就一定能在平凡的岗位上创造不平凡的人生。自身奋斗创佳绩，分享心得励新人，正是这两部新作的价值所在。

国际灌溉排水委员会终身荣誉主席

中国水利水电科学研究院原总工程师

2023 年 12 月 17 日

前 言

习近平总书记指出："农田就是农田，而且必须是良田。"

在全面向现代化强国目标迈进的新时代，耕地特别是永久基本农田必须是旱涝保收的高标准农田，并且必须配套高效节水灌溉设施，这就如同每个现代家庭都必须安装自来水。

本书分为六章，主要内容如下：

第一章　节水灌溉的重大意义。开宗明义强调，节水灌溉是潜力最大的节水技术，是确保我国粮食安全的必由之路；同时阐述节水灌溉不仅仅是节水，而且是优质、高产、节本、增效，是最可靠的农民增收技术，是农业现代化不可或缺的基础设施。

第二章　节水灌溉技术简介。介绍常见的 4 种高效节水灌溉类型：喷灌、滴灌、微喷灌、管灌的特点以及适用条件，还介绍了没有被列入高效灌溉，但应用很广的"渠道防渗"和"排水深沟"技术。

第三章　材料和设备选型。介绍塑料管道材料，常用节水灌溉设备的性能以及市场价格：聚乙烯（PE）管材、管件、水泵、摇臂式喷头、滴灌管（带）、微喷头、过滤器、施肥器、阀门、仪表、控制器（柜）、园林灌溉、移动喷灌机等共 14 类，供用户选型时参考。

第四章　节水灌溉工程案例。介绍 24 个应用节水灌溉设备的项目，包括大田、大棚、温室、植物工厂、园林绿化、住宅庭院等，是灌溉企业产品综合性、立体化的展示。

第五章　水肥一体化技术简介。介绍水肥一体化（又称灌溉施肥）的基本概念、发展现状。水肥一体化可以提高肥料利用率，节省劳力成本，减少农业污染，是现代农业发展的必然趋势。

第六章　水稻节水灌溉技术。水稻是高耗水作物，节水潜力最大。本章介绍水稻控制灌溉、薄露灌溉、膜下滴灌、水稻旱种等技术。水稻节水灌溉是非工程措施，仅需通过科普宣传，转变"水稻水稻、靠水养牢"的传统观念，改变灌溉方法，就能达到既节水又增产的目的，这是典型的科学灌溉，是"第一生产力"生动体现，且是事关粮食安全、"饭碗要端在中国人自己手里"的大事。

由于作者的理论深度、实践广度和文字表达能力不足，难免有谬误和不足之处，谨请读者朋友指正并谅解。

著者

2023 年 12 月

目 录

本书常见的灌溉企业简称

序号	公司名称	简称
1.	宁波市富金园艺灌溉设备有限公司	宁波富金
2.	余姚市余姚镇乐苗灌溉用具厂	余姚乐苗
3.	余姚易美园艺设备有限公司	余姚易美
4.	宁波耀峰节水科技有限公司	宁波耀峰
5.	余姚市赞臣自控设备厂	余姚赞臣
6.	宁波市铂莱斯特灌溉设备有限公司	宁波铂莱斯特
7.	北京丰亿林生态科技有限公司	北京丰亿林
8.	浙江东生环境科技有限公司	浙江东生
9.	余姚市江河水利建筑设计有限公司	余姚江河设计
10.	宁波市曼斯特灌溉园艺设备有限公司	宁波曼斯特灌溉
11.	上海华维可控农业科技集团股份有限公司	上海华维集团
12.	凌兴灌溉科技（宁波）有限公司	宁波凌兴
13.	余姚市润绿灌溉设备有限公司	余姚润绿灌溉
14.	宁波亿川工程管理有限公司	宁波亿川
15.	余姚市德成灌溉设备厂	余姚德成
16.	厦门华最灌溉设备科技有限公司	厦门华最
17.	福建阿尔赛斯流体科技有限公司	福建阿尔赛斯
18.	余姚市阳光雨人灌溉设备有限公司	余姚阳光雨人
19.	大禹节水集团股份有限公司	大禹节水集团
20.	河北水润佳禾农业集团股份有限公司	河北水润佳禾
21.	河北建投宝塑管业有限公司	河北宝塑管业
22.	新界泵业（浙江）有限公司	新界泵业
23.	河南省神农泵业有限公司	河南神农泵业
24.	纳安丹吉（中国）农业科技有限公司	纳安丹吉（中国）
25.	无锡凯欧特节水灌溉科技有限公司	无锡凯欧特
26.	耐特菲姆（广州）农业科技有限公司	耐特菲姆（广州）
27.	托罗（中国）灌溉设备有限公司	托罗（中国）
28.	雨鸟贸易（上海）有限公司	雨鸟（上海）
29.	北京汇聚为高科技有限公司(亨特)	北京汇聚（亨特）
30.	宁波格莱克林流体设备有限公司	宁波格莱克林
31.	安徽菲利特过滤系统股份有限公司	安徽菲利特
32.	宜兴新展环保科技有限公司（阿速德）	宜兴新展（阿速德）
33.	上海垒欣科技有限公司	上海垒欣
34.	重庆星联云科科技发展有限公司	重庆星联云科
35.	山东莱芜绿之源节水灌溉设备有限公司	山东绿之源
36.	嘉兴奥拓迈讯自动化控制技术有限公司	嘉兴奥拓迈讯
37.	廊坊禹神节水灌溉技术有限公司	廊坊禹神
38.	大城县昇禹农业机械配件有限公司	大城昇禹
39.	山东欧标信息科技有限公司	山东欧标
40.	余姚市银环流量仪表有限公司	余姚银环
41.	山东力创科技股份有限公司	山东立创
42.	北京奥特思达科技有限公司	北京奥特思达
43.	爱迪斯新技术有限责任公司	爱迪斯
44.	佛山市南海粤龙塑料实业有限公司	佛山粤龙
45.	广西芸耕科技有限公司	广西芸耕
46.	福建大丰收灌溉科技有限公司	福建大丰收
47.	安徽艾瑞德农业装备股份有限公司	安徽艾瑞德
48.	江苏华源节水股份有限公司	江苏华源
49.	宁波市蔚蓝智谷智能装备有限公司	宁波蔚蓝智谷
50.	衢州锦逸生态环境科技有限公司	衢州锦逸

注：为了简洁，本书中对一些企业名称使用了简称。企业简称难免有不妥之处，请读者批评指正。以后印刷时，我们尽量予以改正。

第一章
节水灌溉的重大意义

《中华人民共和国粮食安全保障法》明确提出："保护和完善农田灌溉排水体系，因地制宜发展高效节水农业。"节水灌溉是科学灌溉，是事关我国粮食和主要农产品安全，事关农业现代化和农民增收的大事。

第一节　节水灌溉事关粮食安全

我国粮食产量连续八年超过 6.5 亿吨，把饭碗牢牢端在自己手里，这是了不起的成就。但同时我们还应看到这八年中，我国平均每年进口粮食 1.31 亿吨（表 1-1-1），占同期消耗粮食的 16.5%。

表 1-1-1　2015—2022 年我国粮食进口情况

年份	产量（亿吨）	增产（%）	进口量（亿吨）	增加（%）
2015	6.61	3.3	1.25	25.0
2016	6.60	− 0.15	1.15	− 5.0
2017	6.62	0.3	1.30	14.0
2018	6.58	− 0.6	1.15	−11.5
2019	6.64	0.91	1.06	−7.8
2020	6.70	0.90	1.42	33.96
2021	6.83	1.9	1.64	15.5
2022	6.87	0.58	1.47	−10.37
平均	6.68	0.49	1.31	4.19

（本表 2015—2019 年数据录自网络，2020—2022 年数据摘录于《人民日报》）

2022 年进口粮食 1.47 亿吨，按我国目前亩产量需要播种面积 8 亿亩以上

（注：1 亩 ≈ 667m²。全书同），仅大豆进口就有 9 108 万吨，以平均亩产 130 kg 计，就需要播种面积 7 亿亩。按照我国"以我为主、立足国内、确保产能、适度进口、科技支撑"的粮食安全战略，拟把进口数量控制在 5% 左右，考虑复种指数，尚需增加粮食面积 4 亿亩！中国农业大学康绍忠院士指出：耕地问题表面是耕地，实际是水的问题。

我国有盐碱地 15 亿亩，其中可以改造的有 5 亿亩，这是我国增加耕地的主要潜力所在。改造盐碱地最简单、最可靠的方法就是用水"洗盐""压盐"，这就需要大量的水资源。

新增 4 亿亩耕地难度很大，而扩大 4 亿亩灌溉面积相对容易一些。

习近平总书记指出，粮食生产根本在耕地，命脉在水利，出路在科技。

扩大灌溉面积，需要解决灌溉水源。我国现有耕地 18.4 亿亩，其中灌溉面积 10.4 亿亩，灌区平均粮食产量 520 kg/亩，还有 8 亿亩是旱耕地（俗称"靠天田"），平均产量仅为 220 kg/亩，灌区与旱地产量相差 300 kg/亩。扩大灌区面积 4 亿亩，就可增产粮食产能 1.2 亿吨，按节水灌溉水量 290 m³/亩计，需新增灌溉水量 1 160 亿 m³。

必须在现有灌区全面实施节水灌溉，把节省下来的水用于扩大灌溉面积，不足部分则要靠新增的水资源解决。

2022 年我国总用水量 5 998 亿 m³，其中农业 3 781 亿 m³（比上年增 137 亿 m³）、工业 948 亿 m³、生活 952 亿 m³、环境补水 343 亿 m³，分别占总用水量的 63.0%、15.1%、16.2%、5.7%，这表明农业仍是用水大户。农业用水量 364 m³/亩，灌溉水利用系数 0.572，与发达国家（0.7～0.8）相比差距较大，差距就是潜力，农业节水潜力很大，其中水稻耗水占农业用水的 50% 以上，节水的潜力最大，所以要高度重视"水稻节水灌溉"这项非工程节水措施的推广。

我国现有灌溉面积 10.4 亿亩，因地制宜全面、严格实施高效节水灌溉，把灌溉水利用系数提高至 0.72，还可节水 75 m³/亩，全国可节水 780 亿 m³（表 1-1-2）。

表 1-1-2　农业节水灌溉潜力分析

类型	现有面积（亿亩）	新建面积（亿亩）	节水（m³/亩）	节水总量（亿 m³）
防渗渠道	2.0	—	—	—
管道灌溉	2.0	2.2	80	176
喷滴灌	2.0	2.2	120	264
水稻节灌	—	（3.4）	100	340
合　计	6.0	4.4	—	780

同时，按我国中长期规划，到 2030 年可增加水资源 1 000 亿 m³，拟把其中 400 亿 m³ 用于农业灌溉，两者合计农业用水可增加 1 180 亿 m³，可以满足新增灌溉面积的需水量。所以节水灌溉是事关粮食和重要农产品稳定安全供给的"国之大者"。

第二节　节水灌溉事关农民增收

多年前有位乡镇干部问："我们这里水这么多，怎么也要节水灌溉？"笔者回答："现在我们粮食这么多了，为什么还有那么多姑娘甚至先生在'节食'呢？节制饮食是为了健康。"这位干部顿有所悟："噢，我理解了！"

我国南方虽然年降水量大于 1 000 mm，但降水在时间和空间上不均匀，局部、多地不同程度的旱情每年都有发生，而且旱灾的损失往往大于洪灾，2022 年浙江、江西、福建、广西等地夏旱连秋旱，多地采用了人工增雨，其中位于浙江西部的衢州市，7 月至 11 月，全市共开展人工增雨作业 71 次，发射增雨弹 602 枚。这就需要节水灌溉，利用有限的水资源消除旱情，节水灌溉的优点——"好雨知时节，当春乃发生"。

丘陵山区往往无法常规灌溉，节水灌溉是设施灌溉，可以"喷灌上山"，实现坡地灌溉，解决"有水灌不到"的难题。由于经济效益显著，近几年降雨量超过 1 500 mm 的云南、海南、广西、浙江等南方省份，节水灌溉如火如荼，积极性丝毫不亚于北方。

另外，"大水漫灌"是造成农业低产的重要原因之一。节水灌溉是"节制灌水"，可以消除由灌水太多引起的一系列弊病。特别是"水肥一体化"把灌溉与施肥结合，按作物的需要适时适量灌水、施肥、"少食多餐"，不但促进作物优质、增产，还能节约 80% 以上的劳动力成本。大田作物平均增收节本可达 500 ~ 1 000 元 / 亩，温室大棚作物每亩可增加效益数千元，所以节水灌溉是最可靠的农民增收技术。

节水灌溉是科学灌溉、高效灌溉！

第三节　节水灌溉是农业现代化的基础

我国正在向着全面建成社会主义现代化强国的第二个奋斗目标迈进，节水灌溉是农业现代化不可或缺的基础设施。根据"国务院关于全国高标准农田建设规划（2021—2030）的批复"，今后 10 年要"完成 1.1 亿亩新增高效节水灌

溉建设任务"，每年新建 1 100 万亩高效节水高标准农田。

截至 2022 年底，我国已建成节水灌溉面积约 6 亿亩，大致渠道防渗、管道灌溉、喷滴灌各 2 亿亩，到 21 世纪中叶，新中国成立一百年，全面建成现代化强国之时，我国 15.46 亿亩高标准农田，全部配套节水灌溉设施是应有之义。今后 27 年需新建节水灌溉 9.46 亿亩，渠道防渗管道灌溉、喷滴灌各 3.15 亿亩，年均 3 500 万亩，以造价 2 500 元／亩计，撬动总投资 2.4 万亿元，平均每年 875 亿元。

同时，还有更新改造任务。以改造周期渠道防渗、管道灌溉 30 年、喷滴灌 15 年计，共需更新改造 7.6 亿亩，总投资 1.9 万亿元，平均每年 633 亿元。

两者合计：总投资规模 4.3 万亿元，平均每年 1 593 亿元。

另外，我国还有园地 3 亿亩、草地 40 亿亩、林地 42 亿亩。

其中全国经济林面积约为 7 亿亩，林下经济利用林地面积 6 亿亩。习近平总书记指出，要向森林要食物。开发森林食品是践行大食物观的重要方面，潜力在山，希望在林，发展林地节水灌溉可谓前景广阔。

所以节水灌溉方兴未艾、潜力巨大，即使普及了，还需更新改造，正如人的生老病死是永恒的，医院永远不会关门，节水灌溉永远不会"饱和"，节水灌溉既是朝阳产业，又是"万岁行业"，这是灌溉企业的历史性机遇！

第二章
节水灌溉技术简介

高效节水灌溉技术，包括喷灌、滴灌、微喷灌、管灌，小管出流、涌泉灌、渗灌等7项。由于小管出流、涌泉灌、渗灌3项技术至今未大面积应用，所以本书仅介绍喷灌、滴灌、微喷灌和管灌4项，再加上一项普通节水灌溉技术——渠道防渗。

喷滴灌是喷灌、滴灌、微喷灌3项技术的简称。1982年国际微灌会议确定，微灌包括微喷灌、滴灌、渗灌等。国内把喷灌和微灌简称为喷微灌（喷灌＋微灌→喷微灌），这是规范的。这里"喷微灌"与"微喷灌"对专业人士来说概念清晰，但对广大农户却是听起来混淆、读起来拗口，所以笔者把喷灌与微喷灌理解为喷灌加上滴灌，合称喷滴灌，这是通俗的。

管灌是管道灌溉的简称，全称是"低压管道输水灌溉"。

第一节 喷 灌

喷灌是采用水泵加压或利用地形落差自压方式，将水用管道送到田间，用喷头射到空中，均匀洒落至田间，是模拟"人工降雨"的技术。

1. 喷灌简史

1894年，美国人查尔斯发明了简单的喷水系统，开创了利用机械设施喷灌的先河，至今已有130年。1933年加州农民澳腾发明了摇臂式喷头，节省用水量50%以上，对节水灌溉起了革命性的推动作用。

在工业革命浪潮的席卷之下，在农业规模化、机械化生产需求推动下，此后主要喷灌机械发展如下：

20世纪30年代后期，发明喷灌机，并投入应用。

1952年，美国科罗拉多州农民发明中心支轴式（圆形、指针式）喷灌机，随后在地广人稀的美国中西部广泛应用。

1968年，平移式喷灌机被发明，解决了中心支轴式喷灌机"田方水圆"、四角漏喷的问题，提高了土地利用率20%。

同时，法国发明绞盘牵引（卷盘式）喷灌机，在欧洲的中、小农场得到广泛流行。

我国的喷灌技术最初是20世纪60年代从苏联引进的。从1973年开始，我国开始组织"国家队"开展试验研究并在全国各地推广，到2020年末累计建设面积7 400万亩，其中黑龙江、内蒙古、辽宁三省（区）4 200万亩，占全国57%。浙江的喷灌发展也很迅猛，应用在很多作物上（图2-1-1）。

图2-1-1　蓝莓喷灌（浙江·2016）

需要说明的是：由于历史原因，目前统计中的"高效节水灌溉面积"是历年新建面积之和，与"现有高效节水灌溉面积"存在较大差距。由于正常的设施老化和其他种种原因，每年都有部分面积"失效"，但没有相应减去。

2. 喷灌的优点——不易堵塞

喷灌的特点是水滴较大，"风来松涛鸣、雨去竹泪落"，是给作物下小雨、"洗淋浴"，适用的作物范围很广，凡是露天地生长的作物都可以用喷灌，从高大的杨梅、甘蔗、玉米，到低矮的蔬菜、小麦、草地等。

喷灌的突出优点是防堵塞性能好，喷头喷嘴的口径一般在4 mm以上，大至十几毫米，只需在水泵进口设"前置过滤"：过滤网箱、过滤井、沉淀池等，一般不必配过滤器。由于"堵塞"是滴灌、微喷灌难以正常使用的主要原因，是应用最头疼的问题，所以就凭这一条，只要水资源允许，凡是能够使用喷灌的地方应优先考虑选用喷灌。

3. 喷灌的缺点——部分水浪费

一是受风的影响较大；二是"雨量"比较大，容易产生地面径流；三是整块地湿润，而不是微喷灌、滴灌那样的局部灌溉，有部分水浪费。一位山区的"茶叶—杨梅"套种的喷灌大户多次向笔者反映，园内有没种茶树、杨梅的空地，但喷灌照样全喷，导致整个园子野草疯长，正不压邪，影响了茶树的生长。

4. 喷灌的多种用途——不仅是灌水

除了灌水抗旱，喷灌还有不少其他应用，而且随着实践的丰富，应用范围在不断扩大。

（1）喷水施肥　过去农民习惯于大雨前先把化肥撒在地面，等雨水把肥料带进土壤。如天转晴不下雨或雨量不足，则肥料"晒干"；如雨下得太大，则大部分肥料流失，经常造成浪费。有了喷灌农民就选择晴天，先撒好化肥，然后喷灌 15 分钟，肥料融化、渗入土壤，利用率很高，农民高兴地说"现在老天自己做了"。在生产中把肥料溶液直接喷洒的还不多，主要是考虑喷灌水量大，管道口径也大，用于施肥怕浪费太多。近些年，喷灌水肥一体化已经开始被人们所接受，只要具备施肥设备，操作规程正确，农民稍微培训一下，就学会了，与滴灌水肥一体化同样简单。管道式喷灌系统和大型喷灌机都可以实现水肥一体化。

（2）除霜防冻　每年初春，以 3 月中旬居多，受北方冷空气影响，经常出现降霜天气，乍暖还寒，影响春茶萌芽。在下霜时开启喷灌，茶园挂满冰凌，表面上很可怕，实际上正是利用水结冰时发出"凝结热"保护嫩芽。笔者 2001 年在一个面积 500 亩的茶园基地，安装了喷灌设施，至今 20 年中有 16 年采用喷灌除霜，效果很好。

（3）除雪防倒　一般的大棚扛不住厚厚的积雪，且人不能爬上去，无法人工除雪，遇到下大雪出现整片大棚倒塌。在大棚内安装微喷灌和滴灌的同时，在棚外装上喷灌用于除雪，"海陆空"三种设备齐全、各取所长。下大雪的年份不多，但只要用到一次，减少的损失远远大于安装喷灌的成本，而且夏天还可用于喷水，降低棚内温度，控制作物生长速度，实现高产和优质。

（4）淋洗沙尘　一是受沙尘暴的影响，沙尘被输送到各地引起"落黄沙"，落到樱桃、杨梅等作物花蕾上，就会影响授粉，是导致减产的"致命伤"；二是当地企业、工地、交通产生的灰尘，用喷灌淋洗沙尘，有利于叶片的光合作用，能促进作物优质增产。

例如杨梅是"无皮的水果"，生长过程中容易粘上灰尘，却又难以清洗，装上喷灌不但可用于灌水抗旱，还可以在采摘前淋洗灰尘，不仅干净卫生，而且果实味道更鲜美。

5. 喷灌的发展趋势——移动

固定喷灌从节能和均匀性出发，提倡使用中、小型喷头，每亩需安装 2～3 个喷头，如安装 100 亩喷灌，地面就有 200～300 根喷头竖管。现代农业是规模化的，要求机械化程度高，一般数以百亩乃至千亩计，矗立在田间的成百上千根支竖管会妨碍农机作业，或者说农业机械很容易撞坏竖管。

图 2-1-2　马铃薯移动喷灌（河北·2019）

2010 年，笔者设计的一个面积 5 000 亩的固定喷灌项目，种植榨菜、番茄、西瓜，由 3 位大户经营管理，拖拉机翻地时，尽管业主反复关照机手"小心"，但竖管还是大量被撞坏、修不胜修，建成不到五年就被迫放弃使用，甚是可惜。

对于移动喷灌机，原来印象中只适宜在数千亩的大面积田地使用。2019 年应中国农业大学严海军教授邀请，笔者参观了该校通州试验基地的移动式喷灌机，思想豁然开朗，原来上百亩土地也可以用移动机组。

同年笔者去张家口市北部的塞北地区，位于内蒙古草原南缘的弘基农业科技开发公司基地参观（图 2-1-2），面积 3.6 万亩，每年轮种马铃薯和藜麦，农场配有 46 台指针式喷灌机，每台灌 500 多亩，主人对这种机械很满意，这使笔者又一次解放了思想，原来移动式喷灌机很受我国种植大户的欢迎。

2020 年笔者两次去安徽艾瑞德农业装备股份有限公司，了解到我国移动式喷灌机制造技术已趋于成熟，产品已批量出口，更坚定了一个信念，移动式喷灌机是规模化农业发展的方向。

第二节　滴　灌

1. 滴灌简史

20 世纪 40 年代末，以色列农业工程师希姆克·博拉斯首先在英国发明了滴灌技术，之后将这项技术带回国，应用于内格夫沙漠的温室灌溉。1965 年 8 月 10 日，以色列耐特菲姆公司的诞生标志着滴灌技术的成熟和产业化的开始，此后在以色列得到广泛应用，主要应用于水果、蔬菜等经济作物，其中温室种植

90% 采用滴灌，并由此创造了在沙漠上面建成"欧洲厨房"的世界奇迹。我国在 1974 年从墨西哥引进滴灌设备，对滴灌的试验研究从此起步。

20 世纪 90 年代从国外引进先进的滴灌生产设备，在消化、吸收的基础上，研制成功内镶式滴灌管、薄壁滴灌带、压力补偿滴头等系列滴灌设备，滴灌在我国得到迅速发展，特别

图 2-2-1 葡萄滴灌（浙江·2021）

是膜下滴灌在新疆棉花灌溉上的大面积应用，推动了我国滴灌关键技术的研究及滴灌管（带）制造业的发展（图 2-2-1）。滴灌由设施农业转向大田作物，极大带动了全国滴灌面积的增加，我国成为世界上大田滴灌面积最大的国家，截至 2020 年末，共发展滴灌和微喷灌 1.11 亿亩（其中新疆约占 45%），笔者估计 80% 是滴灌，约 8 900 万亩。我国每年新增的滴灌超过以色列全国的灌溉面积（300 万亩），要是抄搬国外的"技术"模式，那么 100 年后也达不到现在的规模。

2. 滴灌的优点

（1）灌水缓慢　滴灌是以水滴湿润土壤，是给作物"打点滴"，"禾苗逢甘霖、滴滴入泥土"。滴灌的特点是灌水速度慢，其优点也恰在这里，由于慢、土壤表面不会板结，透气性好，土壤在湿润的同时仍有空隙，即留有氧气，这是根系的最佳环境，有利于作物生长。从这个角度说，滴灌是最科学的灌溉。现代医学治病救人，大都采用"滴灌"——"打点滴"，徐徐补水施药就是最好的佐证。

（2）节省水量　滴灌一般不会产生地面径流和地下渗漏，又是局部灌溉、精准灌溉，浪费的水量很少，水分利用率高达 95% 以上，所以在各种常用灌溉方法中最节水。

（3）适应性强　滴灌已从温室的蔬菜、花卉延伸至大田的果树、棉花、小麦等，应用十分广泛。如果灌溉工程建设中，过滤设备投入到位，水质能达到要求，应该尽可能采用滴灌。

3. 滴灌的缺点

（1）滴头容易堵塞　为了将压力水流变成水滴，即消能，滴头内的流道狭长而且曲折，导致水中微粒容易在流道内黏结、卡住，这是影响滴灌系统正常

使用的"致命伤"。

（2）影响田间作业　数千上万米滴灌带（管）铺设在作物根部，一是管子影响农民劳作，二是农民操作损坏了管子，可谓互相影响。

（3）造价比较高　由于过滤设备投资较大，用于密植作物时滴灌带（管）数量每亩超过 1 000 m，投资高于喷灌、微喷灌。当然如果用 0.2 元 /m 不到的"一次性"的灌带，造价会很低，不到 1 000 元 / 亩，但这会造成严重的废塑料污染，破坏土壤质量，不符合绿色农业要求，这是政府不提倡的。

4. 滴灌对水质的要求

水质是滴灌的生命，是影响系统寿命的关键。那么应该好到什么程度呢？笔者认为水中"微粒"或"浊度"应达到自来水的标准，除泵前过滤外，还应配置砂式、离心式、叠片式等多级过滤器，过滤精度达到 120 目以上，最好达到 150 目，那么滴灌管的寿命也可以达到五年、十年，甚至更长。

5. 滴灌也可移动

2018 年笔者接到河南新乡的中国农业科学院农田灌溉研究所一位专家的电话，说的是山东某地小麦采用滴灌，农民反映滴灌带一年需要 2 次铺设和收藏，所花的劳动力成本很高，问我有没有更好的方法？当时我回答说，滴灌一次性投资很低，劳动力成本就高，没有更好的办法。

2020 年，到了安徽艾瑞德农业装备股份有限公司，看到移动式喷灌机换下喷头，装上滴灌带，就成了"移动式滴灌机"（图 2-2-2），茅塞顿开："山东问题"终于有了"解"，移动式滴灌机可以破解滴灌"劳动力成本高"的难题，"移动滴灌"可能也是今后发展的方向。

图 2-2-2　中国农业大学涿州试验场移动滴灌
（2022）

6. 滴灌的发展趋势——"小流量"设计

小流量就是滴头的流量小至 1 L/h 以内，以色列公司产品已小至 0.75 L/h，甚至到 0.35 L/h。"牵一发而动全身"，小流量的意义在于：滴灌管的铺设长度长了，从目前的 50 ～ 100 m 延长至 200 ～ 300 m，使支管减少 50% ～ 70%，每个阀的控制面积可从 4 ～ 8 亩扩大至 20 ～ 40 亩，又使电磁阀的数量减少 80%，这样可以大大降低滴灌工程造价；同时灌水时间延长，可使植物根系既有水分又有氧气，提高了灌溉质量。因此"小流量"设计也同样是对喷灌、微喷灌的要求，既是优化设计的"亮点"，也是科学灌溉的需要，是今后发展的方向。

第三节　微喷灌

1. 微喷灌的出现

为了克服滴灌"容易堵塞"这个顽疾，澳大利亚、苏联先后研制成功了微喷灌——"小喷灌"，但是微喷灌究竟是什么时间出现的，又是谁发明的？尚未见确切的记载。这种新型的灌水技术，发挥了喷灌和滴灌的优点，避免了二者的短处，是介于两者之间的一种理想的灌溉方式，到 2020 年末微喷灌累计建设面积约 2 200 万亩。

微喷灌，顾名思义是水滴、水量都微小的喷灌，是通过水压比喷灌低的管道系统，用微小的喷头（或者喷水带），将水喷洒到土壤表面的灌水方法。"润物细无声"，微喷灌是给作物"下毛毛雨"，除了湿润根部，还湿润空气，调节田间小气候（图2-3-1）。

图 2-3-1　水稻育秧微喷灌（浙江·2022）

2. 微喷灌的优点

（1）**灌溉水量小**　微喷头出水量小，水滴小，对作物的打击力也低，适合纤细质嫩的作物，这个性能优于喷灌。

（2）**不容易堵塞**　与滴灌相比，微喷头只是口径小（1 mm 左右），没有曲折的流道，所以抗堵塞性能好，这个性能好于滴灌。

（3）**工作压力低**　微喷头工作压力比喷头低 10 m 水柱以上（许多只有喷灌的 10%），管道系统安全性较高，而且节能、符合绿色发展的要求。

（4）**灌水位置准**　单个喷头湿润面积为 3 ～ 10 m²，哪里需要就把微喷头放在哪里，可方便实现局部灌溉，所以比喷灌更节水。

3. 微喷灌的缺点

（1）喷头易堵塞　微喷头喷嘴直径小，比喷灌容易堵塞，所以对水质有过滤要求，需要配过滤器。

（2）影响田间作业　每亩地需配几十个微喷头，插在地上影响劳动作业，悬挂在空中需要棚架，只有用在大棚内是恰到好处，大面积露地应用受到制约。

（3）容易诱发病害　小气候湿度过高，容易诱发作物炭疽病、霜霉病等病害。

4. 微喷灌的适用范围

（1）娇嫩植物　如花卉、温室大棚、园林草皮、马路绿化带等。

（2）工厂化育秧　稻秧、菜秧、树苗等。

（3）林特作物　石斛、蘑菇、竹荪、灵芝、桑黄等。

（4）畜牧场降温消毒　这属于应用的创新，笔者从 2003 年起将微喷设施用于猪场、兔场、鸡场的降温和消毒。2010 年上海世博会上，凡是人员排队的地方都用喷雾降温，说明喷水是最节能、绿色的降温措施。

从 21 世纪初开始，"防疫"成为养殖业的首要任务，从 2020 年防控新冠病毒感染以来，防疫成了全人类的首要问题。将微喷设施用于喷药消毒，成本省、效率高，事半功倍，是微喷灌新的应用领域。

5. 水带微喷灌

微喷水带，又称微喷带、喷水带，是在可压成扁平的薄壁 PE 塑料管上打出许多小孔，孔径一般在 0.5 ～ 1 mm，当管中充满水时细细水丝向两边喷出，成为微喷灌（图 2-3-2）。

喷水带很简单，且是一个了不起的发明。最初是勤劳的农民在塑料管上打孔浇水，可是打孔很费劳力，应用受到限制。这一"创新"被精明的企业家发现，反复改进，管壁减薄至 0.3 mm 并采用机械打孔、激光打孔（质量较好），终使成本降低至不足 0.4 元 /m，成为一种造价最低的微喷灌形式。

水带微喷灌的优点：

（1）投资最省　水带成本较

图 2-3-2　水带微喷灌（浙江·2012）

低，造价在各种节水灌溉设备中最低，半固定模式投资500～600元/亩，全移动模式每亩不过200元/亩。笔者在2003年写过一篇科普文章"每亩200元的微喷灌设施"，大家还能从网上查到，且至今还能实现。

（2）抗堵塞性好　薄壁管出水流道很短，不易附着杂质，万一有堵塞现象，管壁外拍几下就可消除，所以过滤设备也相对简单。

（3）工作压力低　水带进口处的工作压力仅5～10m水柱，微灌系统的设计扬程仅20～30m，所以是最节能的绿色灌溉方法。

第四节　管道灌溉

管道灌溉，即用地下管道代替地面泥渠，是"田头自来水"，这项技术最直接的优点是渗漏很少或几乎没有，水流速度快（1m/s左右），即灌水时间省，所以很受农民欢迎。我国从20世纪90年代开始推广，到2020年底发展面积约为1.85亿亩，约占高效节水灌溉面积的50%，其中面积最大的是河北、山东、河南三省，共1.1亿亩，占全国的58%。

在南方管道灌溉建得最好的是浙江省的平湖市，从20世纪70年代至90年代末，建地下管道2 300 km，实现"全市灌溉地下管道化"，1999年入选"建国五十周年水利50件大事"。相邻的桐乡市从21世纪初开始明确规定，"凡是渠道改造，一律采用地下管道"，现在已逐步实现"灌溉地下化"。

近几年为扩大粮食种植面积，南方旱地改为水旱轮作、"菜—稻轮作"，为不占用耕地，农户并不新建渠道灌水，而是铺设管道，说明农民对管道灌溉的认识也在与时俱进（图2-4-1、图2-4-2）。

图2-4-1　菜地轮作水稻（浙江·2022）

图2-4-2　管灌放水阀（浙江·2022）

1. 管灌的优点

（1）节约灌溉水量　以前采用混凝土管材，每节 1 m 长、接头很多，渗漏难以消除。进入新世纪都采用塑料管材，渗漏量微乎其微、接近于零。

（2）方便农业机械　田头明渠取消，有利于拖拉机、收割机等各种农机田间作业。

（3）节约耕地　原有渠道覆土后用于拓宽田间道路，或者平渠还耕，可增加耕地 1.4% ～ 3%。

2. 管灌的局限性

管道灌溉解决了"输水"环节的渗漏，这对于种植水稻、茭白、菱藕等水生作物恰到好处，但对于量大面广的小麦、玉米、大豆等旱地作物，水流出放水阀后还是采用大水漫灌，田间"灌溉"没有节水，这是管灌的局限性，是美中不足之处。水田可以配套水稻节水灌溉技术，旱地作物还需配套喷滴灌等设施或其他节水措施。

3. 常用材料和设备

图 2-4-3　薄壁钢管灌溉（浙江·2015）

（1）塑料管道　首先推荐用聚乙烯（PE）管，采用热熔连接基本上不会渗漏。在平原灌区，管内水压不超过 10 m 水柱，压力等级应选用小于或等于 40 m 水柱，如选耐压过大的则是浪费。当然还可选用新型的聚氯乙烯（PVC-O）管，这是对 PVC 材料进行双向拉伸、改变了分子结构的新型材料，改善了力学性能，使之具有韧性，无爆破隐患。应慎用普通的 PVC-U 管材，因存在爆破风险。

塑料管材已经成熟，且价格低廉，所以地下管道应避免使用混凝土管，因为管子短、接头多，渗漏难免，而堵漏检修劳民伤财且效果不好。

当灌溉单元在 100 亩左右，管道

的口径不大于 200 mm，可采用装配式的薄壁（2 mm）钢管（见图 2-4-3），材料费会高一些，但安装成本很低。100 亩地仅用 2 ～ 3 个工，综合造价仅比塑料管道略高，且安装、使用和拆卸方便，有一定的竞争优势。

（2）混流泵　在南方平原灌区，管道灌溉一般扬程在 10 m 以内，如用离心泵扬程太高，而用轴流泵则扬程偏低，应选用混流泵，为避免"加引水"的麻烦，宜选用"直立式混流泵"。

（3）控制柜　为适应不同数量放水阀的开启，水泵流量需要变化，所以电机需配"变频器"，同时为消除管路"水锤"，电机启动和关停时需有"软起动"和"软停机"等功能。因此控制柜不是简单的开关箱，而是"智能控制柜"。

（4）普通阀　管道灌溉应该配有可靠的供水阀门，否则水送不远。30 年前各地曾研制过许多农灌"给水栓"，结果还是市场上成熟的蝶阀、球阀（较少用闸阀）可靠实用，尤其是现在有了塑料球阀、蝶阀，性能和价格更适合农业灌溉。

（5）电磁阀和流量计　随着种植规模的扩大，为降低农业劳动力成本，远程控制、灌溉自动化的需求已露端倪。目前电磁阀、农灌流量计性能日趋完善、价格趋低，在农业灌溉中批量应用的条件已经成熟。

4. 几个设计问题

（1）灌溉单元宜小　即每台水泵灌溉的面积应在 150 亩左右，尽量不大于 200 亩。因为管道的长度用量基本稳定，在 7 ～ 10 m/ 亩，但是管道的直径与灌溉的面积成正比，造价也与管道直径呈线性增加。如单元面积 150 亩，选口径 150 mm 水泵，配外径 250 mm 管道；如面积 300 亩，选口径 200 mm 水泵，则需配外径 315 mm 管道。后者价格高 60%。

（2）设置调压水池　为减小水泵启动时引起"水锤"，应在水泵出口处设置调压水池，池的高度应略高于管路首部正常水位，一般高度需 3 ～ 5 m。

（3）预设"三通"　在管道适当位置预设直径 50 ～ 75 mm 的三通接口，为今后安装喷灌、微喷灌、滴灌打下基础，创造条件。

第五节　渠道防渗

渠道防渗，就是在泥渠表面衬砌混凝土或其他防渗材料，施工简单、造价较低、且维修方便，被广泛应用。但由于存在一定渗漏、少量蒸发而没有被列入"高效节水灌溉"。对渠道防渗要有全面的、科学的认识，在流量较大时，其造价较低的优势凸显。任何一项技术的选用需要在技术先进性与经济合理性之间权衡，力求有机结合。我国南水北调工程中线 1 432 km，这样的"大国重器"用的是渠道防渗（图 2-5-1），而不是管道输水，这是最好的证明。我国国家标准《高标准农田建设通则》也明确指出："因地制宜采用渠道防渗、管道输水灌溉、喷微灌等节水灌溉措施"，所以在节水灌溉中应因地制宜采用渠道防渗技术。

图 2-5-1　防渗渠道（引自《人民日报》）

附：深沟排水

"农田水利"英语中译为"灌溉和排水"（irrigate and drainage），前面谈的都是灌溉，但农业要高产，除了科学灌溉，还需科学排水。城市建设设有上水道（自来水管）、下水道（排水管），人要喝水和排水，"憋尿"与"干渴"同样有害，高标准农田必须灌溉和排水都灵通，所以这里附加一节深沟排水。

排水不畅是低产田的另一个重要原因。地下水位过高就造成"渍害"，古人也认识到低产有时是"水太多的责任"，为此造了一个"渍"字。山区和平原都有低洼地，就是低产田，就是排水不灵造成的。北方地下水位太高，除了渍害，还有盐害，地下的盐分随水上升，导致作物难以正常生长。所以无论南方还是北方都未像重视灌溉那样重视农田排水，水沟的深度水田一般在 0.8 ～ 1.0 m，旱地作物还须更深一些，这点请农民朋友勿必引起重视。

本章小结

现代农业是设施农业，节水灌溉是高标准农田不可或缺的基本设施。目前应用较多的高效节水灌溉技术有喷灌、滴灌、微喷灌、管灌 4 种。其中喷灌相对"粗放"，但不容易堵塞；滴灌"精准"、最节水，但容易堵塞；微喷灌洒水"温和"，但影响田间作业；三者各有所长，也各有所短，关键是因地制宜、因作物制宜。管道灌溉解决了输水环节的节水，适宜于水稻灌溉，对于旱地作物还需配套田间节水措施。

渠道防渗虽然存在少量的渗漏，但造价较低，且维修方便，适宜在流量较大时选用。

排水不畅、地下水位偏高是重要的低产原因，建设排水深沟，除渍害、降盐害，是十分重要的增产措施。

第三章
材料和设备选型

第一节　管材、管件

在节水灌溉工程中，管道成本一般占 60% 以上，正确选择管道材料是避免浪费的最大潜力所在。选择管道材料主要从材质、管径、耐压三方面考虑。

管材的选择　塑料具有质量轻、价格低、寿命长，不影响水质等独特优点，喷滴灌工程一般都用塑料管材，常见的有聚乙烯（PE）、聚氯乙烯（PVC）、聚丙烯（PP-R）三种。有一家这三种管材都生产的企业老总告诉笔者："目前凡是上水管（自来水、喷滴灌）都用 PE 管，只有下水管道（排水管）用 PVC 管，PP-R 管只在热水管中用"这个表述简洁明了，较为客观。

管径的计算　干管直径可以按水泵口径乘以 1.5 倍估算，如水泵直径 65 mm，即干管直径是 97.5 mm，这是内径，向上、向标准外径靠，就选 DN110 管（外径 110 mm 管）。因为水泵出口的流速是 3 m/s 左右，直径放大 1.5 倍，使管道断面扩大至 2.25 倍，则管内流速降至 1.3 m/s，这是水在管道内的"经济流速"，先用"心算"把握大方向，后用计算校核。

塑料管道的公称直径均指外径，按不同压力等级，外径不变，只变内径，每种外径规格有 2 ～ 6 种不同的壁厚，即内径不同的管子，这是简化管道附件规格的聪明之举。

确定管道压力　1977 年我国定型设计的"喷灌专用水泵"，将主要喷灌泵型的扬程确定为 55 m 和 45 m，今天看来还是十分合理的。

喷灌系统工作总扬程 55 m（平原），一般不超过 60 m，所以管道压力选 60 m 水柱（俗称 6 公斤。下依此类推）。微喷灌和滴灌设计总扬程一般 ≤ 45 m，因此管道压力选 40 m 水柱（俗称 4 公斤）。由于管路系统设有安全阀、减压阀，加之管道材料短时间内留有 1.5 倍耐压安全余量，即使系统在短时间内有水锤产生，也不会发生爆破。

按经济型设计，要求主管每百米允许水力损失 ≤ 1.5 m 水柱、支管每百米允许水力损失 ≤ 2.5 m 水柱计算，可得常用管道允许流量见表 3-1-1。

表 3-1-1　塑料管常用口径"经济流量"

外径 DN（mm）	主管		支管	
	流速（m/s）	流量（m³/h）	流速（m/s）	流量（m³/h）
25			0.7	0.8
32			0.84	1.7
40			0.94	3.1
50	0.76	3.0	1.04	5.4
63	0.9	7.6	1.35	11.5
75	1.05	13.3		
90	1.18	22.0		
110	1.37	37.8		

注：支管中间均布多个出口，已考虑取平均多口系数 0.4。

核算管材价格　塑料管材的价格很透明：

管材价格 = 原料价 + 加工费

"原料价"依据市场价，多年来都在 1 万元 / 吨左右波动；"加工费"参考全国塑料协会指导价，前几年为 4 400 元 / 吨。如 PE 原料价 1.1 万元 / 吨，加工费 4 400 元 / 吨，则管材价格为 1.54 万元 / 吨，即 15.4 元 /kg。如盲目砍价至 1.4 万元 / 吨以下，则迫使企业使用回料（6 000 ～ 8 000 元 / 吨）。

1. 聚乙烯（PE）管

PE 管一般为黑色，即聚乙烯管，镶天蓝色带（图 3-1-1）。PE 材料具有良好的"韧性"和"柔性"，断裂伸长率 > 350%，"爆破"的概率接近为零，能适应地基轻度沉陷，运行安全可靠，地下管道以聚乙烯（PE）管为最理想，是给水管道（PVC-U、钢管）的替代材料。

PE 材料的分级　PE 材料分为 32 级、40 级、63 级、80 级、100 级，也代表了 PE 材料发展的历程，分别代表每平方厘米能承受的压力差异，前者偏于"柔"性，后者偏"刚"性。目前 PE63 级仅用于加工软管和喷水带，以用其

"柔"性；PE80级一般用于加工直径≤50 mm的管子，这是考虑生产工艺和安装需要，规格见表3-1-2；国家标准中小口径范围部分是空白，似乎不生产规格小的管子，但实际上只要设计需要，工厂是能够生产的，表中蓝色规格系笔者所填。管径大于50 mm的趋向于用PE100级材料，以尽量发挥"刚"性，规格见表3-1-3。

表 3-1-2　HDPE 80 管材常用规格

外径 （mm）	SRD33.0 （0.4 MPa）		SRD26.0 （0.6 MPa）		SRD17.6 （0.8 MPa）	
	壁厚（mm）	质量（kg/m）	壁厚（mm）	质量（kg/m）	壁厚（mm）	质量（kg/m）
20	2.0	0.13	2.0	0.13	2.0	0.12
25	2.0	0.16	2.0	0.16	2.0	0.15
32	2.0	0.20	2.0	0.20	2.0	0.20
40	2.0	0.26	2.0	0.25	2.3	0.28
50	2.0	0.32	2.0	0.32	2.8	0.42
63	2.0	0.4	3.0	0.57	3.6	0.6
75	2.3	0.54	3.6	0.82	4.3	1.0
90	2.8	0.78	4.3	1.2	5.1	1.5
110	3.4	1.2	5.3	1.8	6.3	2.2

　　PE100级原料价格一般比PE80级要贵200～300元/吨。同样压力等级、相同口径的管子，PE100级管壁薄一个等级，即重量轻20%左右，价格也同比例降低，故应优先选用。

表 3-1-3　HDPE 100 管材常用规格

外径 （mm）	SDR26 （0.6 MPa）		SDR21 （0.8 MPa）		SDR17.6 （1.0 MPa）	
	壁厚（mm）	质量（kg/m）	壁厚（mm）	质量（kg/m）	壁厚（mm）	质量（kg/m）
63	2.4	0.47	3.0	0.57	3.6	0.69
75	2.9	0.66	3.5	0.88	4.3	1.0
90	3.5	0.96	4.3	1.2	5.1	1.5
110	4.2	1.5	5.3	1.8	6.3	2.2
160	6.2	3.1	7.6	3.8	9.5	4.6
200	7.7	4.8	9.6	5.9	11.4	7.2

注：表中蓝色数据为笔者按SDR计算所得填补。

PE 原料的鉴别 PE 管有原料中掺"回料"的风险，可以通过观察产品色泽亮度、表面平滑度和水压试验进行鉴别（图 3-1-1）。

图 3-1-1 PE 管质量对比（引自百度，左光滑、右粗糙）

当然，最根本的是企业在进原料时把住"关口"，即企业应该配置"氧化诱导仪"，又称"差示扫描量热仪"（图 3-1-2），其原理是：将塑料试样与惰性参比物（如氧化铝）置于差热分析仪中，使其在一定温度下用氧气迅速置换试样室内的惰性气体（如氮气），测试由于试样氧化而引起的 DTA 曲线的变化，并获得"氧化诱导时间"（min），以评定材料抗老化的性能。新塑料氧化诱导时间很长，例如 50min，如经过一次高温加工，氧化时间就会减至 25min 左右，经二次加工会减至 12min 左右，所以测定原料的氧化诱导时间，就可准确判断是新料、一次回料、还是二次回料。

图 3-1-2 氧化诱导仪（引自百度）

2. 双壁波纹管

以高密度聚乙烯为原料的一种新型轻质管材，由具有环状结构的外壁和平滑的内壁构成（图 3-1-3），结构设计很科学，同样质量的材料，能显著提高抗压能力，能节省材料，成本大大降低，具有质量轻、耐高压、韧性好、施工快、寿命长等优点，很适合用于低压管道灌溉。有 DN110、DN150、DN250、DN400、DN1 200 等多种规格，一般每节长 6 m。

图 3-1-3　PE 双壁波纹管（引自百度）

3. 聚氯乙烯（PVC-U）管

PVC-U 又称 U-PVC 管，通常称为硬 PVC 管，一般呈白色（图 3-1-4），也有灰色的。PVC-U 材料具有"硬脆性"的特点，作为城市给排水"当家管材"已有数十年的历史，本来当然也可以用于喷滴灌系统。但是由于部分企业丧失诚信，在原料中掺入大量碳酸钙，有的掺假比例高达20%～40%，使材料应力大大降低，导致管路爆破，给用户造成损失，成为 PVC 管的"致命伤"，使其"名声狼藉"。PVC 管已逐渐由性能可靠的 PE 管替代。由于存在"容易爆破"的隐患，尽管 PVC 管材价格仅为 PE 管的 2/3，也应谨慎选用，首先对企业的诚信度要有全面的了解。

图 3-1-4　PVC-U 管（引自百度）

4. PVC-O 管

这是 PVC 材料的改性产品，以天蓝色（也称太极蓝）为标志（图 3-1-5），是将 PVC 管轴向和径向拉伸，使塑料长链分子双轴向排列，使之成为高强度、高韧性、高抗冲新型 PVC 管材，与钢筋预应力拉伸以后能增加抗拉强度相同。这种管材性能很完善，性价比高，可供压力高、口径大的灌溉工程选用。

图 3-1-5　PVC-O 管（河北宝塑管业）

5. 钢管

钢管价格是 PE 管的 2 倍左右，规格见表 3-1-4。钢管强度最高，但有令人头疼的锈蚀问题，寿命短，影响水质，地埋管道中一般避免采用。但有三个场合必须用钢管，一是安装喷头的竖管，二是跨越沟渠的悬空管，三是穿过道路底下，这是取钢管的"刚性"之长，当然这种场合也可使用 PVC 管，但需在外面套上金属管。

表 3-1-4　普通钢管规格及价格表

序号	公称直径（D）（mm）	外径（DN）（mm）	壁厚（mm）	理论质量（kg/m）	参考价格（元/m）
1	20	26.8	2.75	1.63	7.0
2	25	33.5	3.25	2.42	10.4
3	32	42.3	3.25	3.13	13.5
4	40	48.0	3.50	3.84	16.5
5	50	60.0	3.50	4.88	21.0
6	65	75.5	3.75	6.64	28.6
7	80	88.5	4.00	8.34	35.9
8	100	114.0	4.00	10.85	46.7
9	125	140.0	4.50	15.04	64.7
10	150	165.0	4.50	17.81	76.6

6. 管件

管道附件种类很多，包括接头、弯头、三通、四通、鞍座、阀门、堵头等，有数十种之多，规格多达数百种，材料主要为聚乙烯（PE）、聚丙烯（PPR)（图 3-1-6、图 3-1-7)。

图 3-1-6　三通、弯头等管件（浙江东生）　　图 3-1-7　各种管件（宁波铂莱斯特）

管材 / 管件生产厂家

河北建投宝塑管业有限公司

河北水润佳禾农业集团股份有限公司

大禹节水集团股份有限公司

宁波市铂莱斯特灌溉设备有限公司（管件）

浙江东生环境科技有限公司（管件）

宁波隆枫管业有限公司

廊坊禹神节水灌溉技术有限公司（喷灌快速接头）

浙江中财管道股份科技有限公司

河南四通集团有限公司（玻璃钢、聚氨酯、热镀锌扬程管）

山东春晖节水灌溉科技有限公司

第二节　水　泵

南方喷滴灌常用水泵有普通离心泵、喷灌自吸泵、多级泵三类，主要性能及适用范围见表 3-2-1，北方井灌区则选用井用潜水电泵。

表 3-2-1　南方常用水泵类型及性能

泵型	代表性型号	优点	缺点	适用灌区
普通离心泵	ISW65-200	扬程范围广、价格低	高扬程时效率低	低扬程
喷灌自吸泵	65BPZ-55	中扬程时效率高	扬程范围小	中扬程
多级泵	80D-12×5	各种扬程效率均高	价格高、体积大	高扬程

水泵选择主要确定三个参数：流量、扬程、功率。

流量　由轮灌面积决定，或者说水泵流量决定轮灌区面积，对 100 ～ 200 亩的灌溉单元，如轮灌面积为 8 亩，选用 20 个低压喷头，每个喷头流量 1.8 m³/h，则水泵流量需为 36 m³/h。

水泵口径与流量可使用经验公式进行心算：

流量（m³/h）= 口径²×5（注：口径单位以英寸的数值来进行心算）

如：口径 50 mm（约 1.97 英寸），流量 20 m³/h 左右；

口径 65 mm（约 2.56 英寸），流量 30 m³/h 左右；

口径 80 mm（约 3.15 英寸），流量 45 m³/h 左右。

扬程　优化设计推荐，平原喷灌系统需要总扬程为 55 m，水泵扬程就选 55 m。山区扬程则由平原的 55 m 加上山地"高度"，即灌区至高点与水泵安装高程的高差。

功率　流量和扬程确定后，功率就自然得到，也有个简易的可心算的公式：

功率（kW）= 扬程（m）× 流量（m³/h）/200

估算出配套的电机额定功率，然后就近向功率系列靠。灌溉常用电机功率系列为：5.5 kW、7.5 kW、11 kW、15 kW、18.5 kW、22 kW、30 kW、37 kW 等。

如平原扬程 55 m，流量 36 m³/h，两者乘积是 1 980，除以 200 得 9.9 kW。功率谱系中没有对应的，向上就近选 11 kW 电机。如山区，高差是 55 m，那么总扬程就是 110 m，功率就得 22 kW。如当地只有 11 kW 功率的动力线路，需要将轮灌面积缩减至 4 亩，使水泵流量减至 18 m³/h，并把干管直径从 110 mm 减至 90 mm。

1. 普通离心泵（IS 型）

IS 型泵是最普通的离心泵，外形见图 3-2-1，是最常见的高扬程水泵，价格最便宜，一般县城都能买到。但水泵与电动机采用联轴器（俗称"靠背轮"，是英语 coupling 的谐音）连接，容易产生震动和噪声。

ISW 型、ISG 型则是它的"升级版"，前者是卧式，外形见图 3-2-2，后者为立式，性能完全相同。水泵与电动机一体化，使体积缩小、震动消失、噪声减少、安装方便。

优点　普通离心泵其优点是性能范围宽、规格多，扬程从十几米至 130 m，口径从 25 mm 至 300 mm 的都有。

缺点　普通离心泵适宜用于扬程较低的微喷灌和滴灌。水泵随扬程提高效率迅速降低。当扬程 35 m 时，泵的效率降至 60% 以下，当扬程升到 130 m 时，效率跌至 38%。

图 3-2-1 IS 型泵（引自百度）

图 3-2-2 ISW 型泵（引自百度）

ISW 离心泵常用规格及参数见表 3-2-2。

表 3-2-2 ISW 泵性能参数表（仅选常用规格）

型 号	流 量		扬 程（m）	效 率（%）	电机功率（kW）	汽蚀余量（m）	重 量（kg）
	（m³/h）	（L/s）					
50-160	12.5	3.47	32	52	3.0	2.3	60
50-160A	11.7	3.25	28	51	2.2	2.3	52
50-200	12.5	3.47	50	46	5.5	2.3	104
50-200A	11.7	3.25	44	45	4	2.3	82
50-250	12.5	3.47	80	38	11	2.3	163
50-250A	11.6	3.22	70	38	7.5	2.3	116
65-160	25	6.94	32	63	4.0	2.5	77
65-160A	23.4	6.5	28	62	4.0	2.5	77
65-200	25	6.94	50	58	7.5	2.5	110
65-200A	23.5	6.53	44	57	7.5	2.5	109
65-250	25	6.94	80	50	15.0	2.5	185
65-250A	23.4	6.5	70	50	11.0	2.5	173
80-160	50	13.9	32	71	7.5	3.0	107
80-160A	46.7	13.0	28	70	7.5	3.0	107
80-200	50	13.9	50	67	15.0	3.0	177
80-200A	47	13.1	44	66	11.0	3.0	166
80-250	50	13.9	80	59	22.0	3.0	245
80-250A	46.7	13.0	70	59	18.5	3.0	215

注：转速均为 2 900 r/min。

2. 喷灌专用泵

喷灌泵是我国于1977年创新设计的自吸式喷灌专用水泵，此后又经多次优化，效率更高，至今看来仍很科学。在55 m左右扬程，填补了其他离心泵的空白，且在同口径水泵中流量最大，是平原喷灌的优选泵型，第4代常用喷灌泵性能见表3-2-3。其中河南省神农泵业有限公司产品外形见图3-2-3。

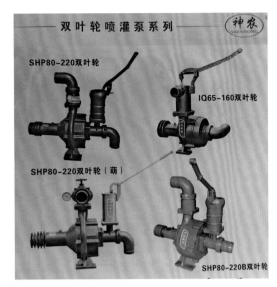

图 3-2-3　喷灌专用泵

（河南神农泵业）

表 3-2-3　常用喷灌泵性能参数表

型　号	流量（m³/h）	扬程（m）	配套功率		效率（%）	适宜面积
			（kW）	（HP）		
50BPZ-45	20	45	5.5	6	60	75 亩左右
65BPZ-55	36	55	11	12	64	150 亩左右
*65SZB-55	40	55	11	12	68.5	150 亩左右
80SZB-75	40	75	15	18	62	< 30 m 山区

注：加*号者为手动泵"加引水"，效率高、同口径泵中流量最大；电机配套功率系按规格标注。

3. 多级泵

多级泵的特点是扬程高，可以高达200 m以上。突出优点是同种口径的泵，不论扬程高低，采用相同的水泵叶轮，因此水泵效率不变！缺点：一是价格较高，是同功率普通离心泵的2倍。二是泵的体较长，如卧式80 D12×5型泵，电机11 kW，泵身长1.44 m，占地面积很大，故应尽量选用立式多级泵，占地不足卧式的1/3（图3-2-4、图3-2-5）。在山丘灌区，当扬程高于55 m时应该选用多级泵。

图 3-2-4　卧式多级泵（引自百度）

图 3-2-5　立式多级泵（引自百度）

常用卧式多级泵规格及参数见表 3-2-4、表 3-2-5。

表 3-2-4　80 D-12 型多级泵性能表

级　数	流量（Q）		总扬程（H）（m）	功率（N）（kW）		效率（η）（%）
	（m³/h）	（L/s）		轴功率	电机功率	
3	32.4	9	34	4.0	5.5	75
4	32.4	9	45	5.4	7.5	75
5	32.4	9	57	6.7	7.5	75
6	32.4	9	68	8.0	11.0	75
7	32.4	9	79	9.4	11.0	75
8	32.4	9	91	10.7	15.0	75
9	32.4	9	102	12.1	15.0	75
10	32.4	9	113	13.4	15.0	75
11	32.4	9	125	14.7	18.5	75
12	32.4	9	136	16.0	18.5	75

注：选自浙江水泵总厂产品说明书；型号意义：80——进水口直径（mm），D——多级泵，12——每级叶轮扬程 12 m，下表同。

表 3-2-5　50 D-12 型多级泵性能表

级　数	流量（Q）		总扬程（H）（m）	功率（N）（kW）		效率（η）（%）
	（m³/h）	（L/s）		轴功率	电机功率	
3	18	5	29	2.3	3.0	62
4	18	5	38	3.0	4.0	62
5	18	5	48	3.8	5.5	62
6	18	5	57	4.5	5.5	62
7	18	5	67	5.3	7.5	62
8	18	5	76	6.0	7.5	62
9	18	5	86	6.8	7.5	62
10	18	5	95	7.5	11.0	62
11	18	5	105	8.3	11.0	62
12	18	5	114	9.0	11.0	62

注：当扬程在 ±20% 范围内变化时，流量相应在 ±5.4 m³/h 幅度内变化。

4. 井用泵

井用潜水电泵是水泵和电机直联一体，安装在水井中的水泵。具有结构紧凑、体积小、重量轻、移动灵活、安装维修方便、运行安全可靠、高效节能等特点，是我国北方灌溉的主力泵型，安装见图 3-2-6。井用泵是由多个叶轮串联组装的多级泵，叶轮个数可以多达十几个（级）、多至 40 个（级），扬程高达 100 ～ 300 m，能满足北方深井抽水灌溉的需求。

水泵生产厂家

新界泵业（浙江）有限公司

河南省神农泵业有限公司

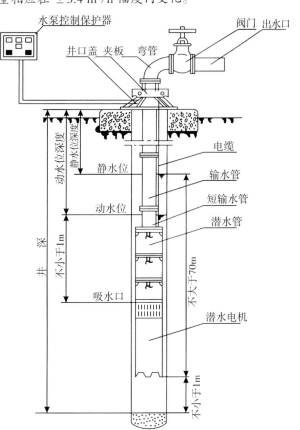

图 3-2-6　井用泵安装图（引自百度）

（喷灌专用泵）

　　　　杭州萧山水泵总厂（喷灌专用泵）

　　　　江苏华源节水股份有限公司（井用潜水泵）

　　　　浙江水泵总厂有限公司（多级泵）

　　　　上海舜江泵阀有限公司（卧式离心泵）

第三节　摇臂式喷头

　　喷灌最常用的是摇臂式喷头，喷头选择主要是材质和 4 个参数：

　　材质　喷头材质有塑料和金属两大类，金属中有铝合金和黄铜等。塑料喷头一般指接口直径小于 25 mm 的小型喷头，金属喷头指接口直径在 25 mm 以上的喷头。影响喷头寿命的主要是摇臂断裂和弹簧疲劳失效。在笔者使用塑料喷头的 20 年中，没有发生摇臂断裂的现象，说明工程塑料性能和注塑工艺成熟了，剩下只有弹簧这个"单因子"，而喷头材质无论是塑料还是金属，弹簧用的是同一种材料，疲劳寿命相同，所以两种喷头的寿命几近相同。

　　塑料喷头的价格仅为金属喷头的 1/6～1/4，且金属喷头往往是小偷的觊觎之物，有时"寿命"只有 1～2 天（就被盗走了），故应尽量选用塑料喷头。只有在射程、流量或观赏不能满足要求时，才选用金属喷头。

　　直径　即喷嘴直径，为了控制灌水强度，喷嘴直径倾向于用小一点，如 5 mm×2.5 mm、6 mm×2.5 mm、7 mm×3.5 mm，并用双喷嘴形式，喷洒更均匀。

　　压力　无论从节能降碳的大趋势，还是从喷水的均匀性出发，均提倡用中低压喷头，工作压力在 30 m 水柱左右，并提倡 25 m 水柱、20 m 水柱。

　　流量　当喷嘴直径和工作压力确定以后，流量也随之确定，在小喷嘴和中低压条件下，流量范围一般为 1.5～4.5 m³/h。

　　射程　同样，当喷嘴直径和工作压力锁定后，射程也自然确定。笔者发现在一定范围内，喷头射程与其空心轴直径成正比，如空心轴直径 10 mm、15 mm、20 mm、30 mm，相应喷头射程分别是 10 m、15 m、20 m、30 m 左右。笔者用得最多的是 20PYS$_{15}$ 型塑料喷头，空心轴直径 15 mm，喷嘴直径 5 mm×2.5 mm，压力 30 m 水柱时射程 15 m。

　　现把两种常用的塑料喷头介绍如下。

1. 20PYS₁₅ 塑料喷头

型号中 20 代表接口尺寸 20 mm，俗称 6 分喷头、3/4 英寸喷头。PY 代表摇臂喷头，S 表示是塑料喷头，15 表示进口流道直径 15 mm，外形见图 3-3-1，水压 30 m 时射程 15 m，喷洒面积 1 亩，计算喷灌强度 2.76 mm/h，规格性能见表 3-3-1。

图 3-3-1　20PYS₁₅ 塑料喷头
（余姚乐苗）

表 3-3-1　20 PYS₁₅ 塑料喷头性能表

接头型式及尺寸	喷嘴直径（mm）	工作压力（H）（kPa）	流量（Q）（m³/h）	射程（R）（m）	备　注
ZG3/4 外螺纹	4×2.5	200	1.12	12.0	
		300	1.41	14.0	黑色
		400	1.62	14.5	
	5×2.5	200	1.62	13.0	
		300	1.95	15.0	桔色
		400	2.25	16.5	
	6×2.5	200	2.01	13.5	
		300	2.65	16.5	红色
		400	3.10	17.5	
	7×2.5	200	2.88	14.0	
		300	3.40	17.0	绿色
		400	3.90	17.5	

2. 25PYS₂₀ 塑料喷头

型号中 25 代表接口 25 mm，俗称 1 英寸喷头。外形见图 3-3-2，射程 17.5 ～ 24 m，流量 2.9 ～ 7.3 m³/h。其中代表性工作点为：喷嘴直径 7.0 mm× 3.0 mm，水压 30 m 水柱时，流量 4.0 m³/h，射程 19 m，湿润面积近 1.7 亩，性能见表 3-3-2。

图 3-3-2　25 PYS₂₀ 塑料喷头
（宁波曼斯特灌溉）

表 3-3-2　25 PYS$_{20}$ 塑料喷头性能表

型　号	喷嘴直径（mm）	工作压力（H）（kPa）	喷头流量（Q）（m^3/h）	接口直径英寸型号	射程（R）（m）
PYS$_{20}$	6.5×3.0	300	3.16		18.5
		350	3.41	ZG1	19.0
		400	3.65		19.5
	7.0×3.0	300	4.01		19.0
		350	4.33	ZG1	19.5
		400	4.63		20.5
	7.5×3.5	300	4.22		19.5
		350	4.56	ZG1	20.0
		400	4.88		21.0
	8.0×3.5	300	4.7		20.0
		350	5.08	ZG1	21.0
		400	5.43		22.0

注：选自水利部农村水利司与中国灌溉排水发展中心合编的《节水灌溉工程实用手册》。

3. 金属喷头

当接口直接等于或大于 25 mm 时应用金属喷头，见图 3-3-3、图 3-3-4。由于采用中小型喷头，田间竖管多，影响了农业机械作业，为解决这个矛盾，今后固定喷灌采用"喷头减量化"设计，并把喷头竖管安装在田边，见图 3-3-5，这就需要射程远、接口 40 mm 及以上的中型喷头。

图 3-3-3　25 mm 金属喷头

（上海华维集团）

图 3-3-4　40 mm 金属喷头

（余姚阳光雨人）

图 3-3-5　安装在田边的 40 型金属喷头喷灌（浙江·2021）

摇臂喷头生产厂家

余姚市阳光雨人灌溉设备有限公司

上海华维可控农业科技集团股份有限公司

宁波市曼斯特灌溉园艺设备有限公司

余姚市德成灌溉设备厂

余姚市润绿灌溉设备有限公司

余姚市余姚镇乐苗灌溉用具厂

余姚易美园艺设备有限公司

宁波市富金园艺灌溉设备有限公司（地埋升降式喷头）

河北水润佳禾农业集团股份有限公司

纳安丹吉（中国）农业科技有限公司

廊坊禹神节水灌溉技术有限公司

山东春晖节水灌溉科技有限公司

第四节　微喷头

常见微喷头有旋转式、折射式、离心式三种，近年新增了一种无遮挡式。

1. 旋转式微喷头

该种微喷头最常用。优点是射程远，一般为 2.5～4.5 m，水量分布较均匀，价格在各种微喷头中最低，应用面积最大；缺点是水滴相对较大。安装分为悬挂式和地插式两种，悬挂式只适用于大棚内或有棚架的小灌区，地插式也有局限，即对田间操作有影响，只能因地制宜选用，性能参数见表3-4-1、表3-4-2。

表3-4-1　倒挂式旋转喷头

喷嘴颜色									
黑色		蓝色		绿色		红色		黄色	
实物图									
喷嘴直径（mm）		0.8	1.0		1.2		1.4		1.6
水压（kPa）	流量（L/h）	半径（m）	流量（L/h）	半径（m）	流量（L/h）	半径（m）	流量（L/h）	半径（m）	流量（L/h）	半径（m）
150	23	3.0	37	3.2	54	3.7	72	3.9	97	4.0
200	27	3.0	44	3.5	64	4.0	86	4.3	115	4.3
250	30	3.0	50	3.7	74	4.2	98	4.5	130	4.5
300	34	3.0	57	4.0	82	4.4	110	4.7	145	4.8

注：由余姚市余姚镇乐苗灌溉用具厂提供。

表3-4-2　地插式旋转喷头

喷嘴颜色									
黑色		蓝色		绿色		红色		黄色	
实物图									
喷嘴直径（mm）		0.8	1.0		1.2		1.4		1.6
水压（kPa）	流量（L/h）	半径（m）	流量（L/h）	半径（m）	流量（L/h）	半径（m）	流量（L/h）	半径（m）	流量（L/h）	半径（m）
150	23	2.4	37	2.8	54	2.8	72	3.0	98	3.2
200	27	2.5	44	3.0	64	3.0	86	3.2	115	3.4
250	30	2.6	50	3.1	74	3.2	98	3.4	130	3.7
300	34	2.8	56	3.2	82	3.4	110	3.5	145	3.8

注：由余姚市余姚镇乐苗灌溉用具厂提供。

2.折射式微喷头

折射式喷头优点是没转动件，可靠性高，使用寿命较长，缺点是射程较短，仅 1 m 左右，最远的不超过 1.5 m，参数见表 3-4-3。

表 3-4-3　折射式微喷头性能表

颜色	黑色			蓝色		绿色		红色	
实物图									
喷嘴直径（mm）	0.8			1.0		1.2		1.4	
水压（kPa）	流量（L/h）	半径（m）		流量（L/h）	半径（m）	流量（L/h）	半径（m）	流量（L/h）	半径（m）
150	23			37		54		72	
200	27	倒挂 1.0～1.1 地插 0.9～1.0		44	倒挂 1～1.2 地插 1～1.1	64	倒挂 1～1.3 地插 1～1.2	86	倒挂 1.2～1.3 地插 1.1～1.2
250	30			50		74		98	
300	34			5 6		82		110	

注：由余姚市余姚镇乐苗灌溉用具厂提供。

另有一种螺口式折射喷头，结构更简单，用螺纹连接到毛管上即可，性能见表 3-4-4。

表 3-4-4　螺口式折射喷头性能

M5 螺纹 ψ1.4 孔径	水压（kPa）	150	200	250	300
	流量（L/h）	76	90	100	110
	半径（m）		1.0～1.2		

注：由余姚市余姚镇乐苗灌溉用具厂提供。

还有一种简易雾化喷头，俗称"和尚头"，通过一个连接件可插在毛管上，使用很方便。当然也有小缺点，其喷洒面不是全圆，而是 2 个扇形，根系局部湿润也可满足生长需要，性能参数见表 3-4-5。

表 3-4-5　简易雾化喷头性能

蓝色	水压（kPa）	150	200	250	300
	流量（L/h）	40	47	53	55
	半径（m）	1.0 ～ 1.1			

注：由余姚市余姚镇乐苗灌溉用具厂提供。

3. 离心式微喷头

又称四出口（五、六出口）微喷头，性能见表 3-4-6。突出优点是雾化性好，可悬浮在空中，下降缓慢，特别适用于畜禽养殖场降温、消毒；缺点也是射程仅 1 m 左右，布置密度高，300 ～ 400 个 / 亩，故投资较高。

表 3-4-6　四出口雾化喷头性能

直径 1.0 mm 黑色	水压（kPa）	250	300	350	400
	流量（L/h）	32	35	38	40
	半径（m）	0.9 ～ 1.0			
直径 0.8 mm 灰色	水压（kPa）	250	300	350	400
	流量（L/h）	24	27	28	30
	半径（m）	0.9 ～ 1.0			

注：由余姚市余姚镇乐苗灌溉用具厂提供。

4. 无遮挡式微喷头

这是近些年针对上述微喷头存在"滴水"弊病开发的一款新产品。优点是消除了滴水这个"顽症"，给工厂化育苗带来了福音，特别是用于水稻育秧，避免了喷头下因连续滴水引起的"烂秧"缺陷。喷嘴直经 0.8 ～ 1.8 mm（以不同颜色代表），工作水压 15 ～ 30 m 水柱，流量 25 ～ 200 L/h，倒挂时射程 2.5 ～ 3.5 m，地插时 1.5 ～ 1.8 m。宁波市富金园艺灌溉设备有限公司的系列微喷头性能见表 3-4-7。

图 3-4-1　无遮挡微喷头（宁波富金）

表 3-4-7　无遮挡式微喷头性能参数

直径（mm）	0.8（白色）		1.0（黄色）		1.2（粉色）		1.4（绿色）	
水压 （m）	流量 （L/h）	射程 （m）	流量 （L/h）	射程 （m）	流量 （L/h）	射程 （m）	流量 （L/h）	射程 （m）
15	26	2.5	38	2.5	40	2.6	60	2.6
20	29	2.7	40	2.7	48	2.8	72	2.8
25	30	2.9	49	2.9	54	3.0	80	3.0

注：数据由宁波市富金园艺灌溉设备有限公司提供。

5. 涌泉喷头

涌泉喷头是介于微喷头与滴头之间的灌水器，其水滴很像滴灌，洒水形成一串串水花，又有微喷灌的特性。

其规格是 20 mm（3/4 英寸），工作压力 15 m 水柱（0.15 MPa），流量 33 L/h；分为半圆 5 孔、射程 0.3 m；全圆 8 孔、射程 0.2 m 两种（图 3-4-2）。安装方式有悬挂式和地插式两种。由于湿润面积小，属于局部灌溉，能抑制杂草疯长，很受农民欢迎。

图 3-4-2　涌泉喷头（浙江·2022）

微喷头 / 微喷灌配件生产厂家

上海华维可控农业科技集团股份有限公司

余姚市阳光雨人灌溉设备有限公司

余姚市余姚镇乐苗灌溉用具厂

余姚市德成灌溉设备厂

宁波市曼斯特灌溉园艺设备有限公司

厦门华最灌溉设备科技有限公司

河北水润佳禾农业集团股份有限公司

大禹节水集团股份有限公司

山东莱芜绿之源节水灌溉设备有限公司

廊坊禹神节水灌溉技术有限公司

福建大丰收灌溉科技有限公司（造雾加湿产品）

山东春晖节水灌溉科技有限公司

第五节　喷水带

1. 喷水带的使用寿命

喷水带的应用场景见图 3-5-1、图 3-5-2。喷水带有多种规格，性能参数见表 3-5-1。价格 0.35 ～ 1.2 元 /m，每亩用带 150 ～ 600 m，全移动模式成本 300 元 / 亩，半固定 500 ～ 600 元 / 亩。厂方说喷水带寿命 2 ～ 3 年，实际使用中管理好的，最长的使用年限可达 8 ～ 10 年。这是投资最低、使用最方便的一种节水灌溉型式，不但在农业上应用较多，而且在北京等城市绿化中也随处可见。

图 3-5-1　花卉喷灌（浙江·2003）　　图 3-5-2　葡萄喷灌（浙江·2015 冬季）

表 3-5-1 喷水带性能参数

规 格		内 径（mm）	壁 厚（mm）	孔 距（mm）	孔 径（mm）	最大长度（m）	水压 5 m 水柱流量（L/h）	质 量（g/m）
喷滴带	N35 平二孔	22	0.17	200	0.8	20	50	12
	N45 平二孔	29	0.19	200	0.8	40	50	17
喷水带	N50 斜五孔	32	0.22	330	0.8	35	75	22
	N65 斜五孔	41	0.25	330	0.8	50	75	30
输水带 N80		50	0.40	—	—	—	—	64

注：表中所称喷滴带，是膜下喷水带作滴灌用。

2. 喷水带的铺设长度

喷水带喷水形态如图 3-5-3 所示。为了保证微喷的灌水均匀，每根水带从进水口至末端出水小孔的流量偏差应控制在 15% 以内。在这个条件下，使用的喷水带长度称为最大使用长度，表中为理论计算的结果，为了出水均匀，应尽量选孔径小于 1 mm、孔数少于 20 孔 /m 的带子。笔者的实践认为：

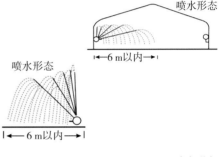

喷水形态

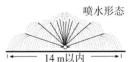

（1）N45 带，10 孔 /m，孔径 0.8 mm，水压 10 m 时，最大铺设长度 50 m，喷洒宽度 1.5 m；

（2）N45 带，3 孔 /m，孔径 0.8 mm，水压 10 m 水柱时，最大铺设长度 200 m，喷洒宽度 0.8 ～ 1.0 m；

图 3-5-3 喷水带水丝形态图（引自百度）

（3）N65 带，20 孔 /m，孔径 0.8 mm，水压 15 m 水柱时，最大使用长度 140 m，喷洒宽度 4 ～ 5 m。

3. 双翼喷水带

双翼水带是根据普通水带在使用中出现"打滚"情况而设计的。由于有了两个"翼"（图 3-5-4），水带充水变圆后不会大幅度转动，从而控制喷水的方向稳定，提高了灌溉质量。喷幅宽可达 8 ～ 10 m。可

图 3-5-4 双翼喷水带（无锡凯欧特）

以安装在托架上，以避免作物对水滴的遮挡。可用于大棚内，也可用于大田，蔬菜、水果、小麦、水稻等灌溉，还可用于棚顶、厂房、禽舍降温。其规格性能见表3-5-2。

表3-5-2　双翼喷水带性能参数

规格	扁径（m）	内径（mm）	水压（m）	孔数（排）	长度（m）	幅宽（m）	流量（m³/h）
60-11	63	40	15 ~ 25	11	60 ~ 80	8 ~ 10	13
60-7	63	40	15 ~ 25	7	70 ~ 90	4 ~ 5	9
80-5	80	51	12 ~ 20	5	90 ~ 100	10 ~ 12	16
95-7	95	61	10 ~ 15	7	100	12 ~ 14	22

注：无锡凯欧特节水灌溉科技有限公司提供。

微喷水带生产厂家

无锡凯欧特节水灌溉科技有限公司

上海华维可控农业科技集团股份有限公司

河北水润佳禾农业集团股份有限公司

山东莱芜绿之源节水灌溉设备有限公司

山东春晖节水灌溉科技有限公司

第六节　滴灌管 / 滴灌带

常用的有内镶式滴灌管（带）、迷宫式滴灌带、压力补偿滴头等几种。

1. 内镶式滴灌带（管）

滴头与毛管制成一个整体，即将滴头镶嵌在毛管内壁上，滴头有片式和管式两种，设计很科学，壁厚≤ 0.4 mm 的称为滴灌带，见图3-6-1，> 0.4 mm 的称为滴灌管，见图3-6-2。

优点：性价比高，且安装方便。价格比同样壁厚的毛管仅增加0.05 元 /m 左右的滴头成本，目前使用最多。价格与管壁厚度成正比，如直径16 mm 的滴管（带），壁厚有 0.18 ~ 1.2 mm 多种，相应价格在 0.25 ~ 1.05 元 /m，在目前水质过滤设备投入不足的背景下，选择壁厚在 0.6 mm 或以内较为经济。

缺点：使用寿命受水质影响很大。

图 3-6-1 内镶式滴灌带

（选自《喷滴灌优化设计》）

图 3-6-2 内镶式滴灌管

（选自《喷滴灌优化设计》）

从管材的寿命而言，应该是壁厚的滴灌管寿命更长。然而在实际使用中，影响滴灌管寿命的并不是管材的破损，而是滴头的堵塞，这是滴灌的"致命伤"。不论管壁厚薄，只要其滴头结构相同，发生堵塞的概率也是相等的，早在管壁破损前就堵塞了，壁厚的功能远远没有发挥，所以提倡用薄壁管，价格可以便宜而使用寿命并不短。内镶式滴灌管和滴灌带性能见表 3-6-1、表 3-6-2。

表 3-6-1 内镶式滴灌管规格性能

管径 （mm）	壁厚 （mm）	滴头间距 （m）	最大压力 （m）	流量 （L/h）
16	0.5		14	1.2，1.75，2.75
16	0.63	0.3 ~ 1.5	20	1.2，1.75，2.75
16	0.9		35	1.2，2.00，3.00
20	0.9		30	1.2，2.00，3.00

注：摘自 GB/T 19812.3—2008。

表 3-6-2 内镶式滴灌带规格性能

公称外径 （mm）	壁厚 （mm）	滴头间距 （m）	额定流量 （L/h）	工作压力 （m）
	0.20			
12	0.30	0.1 ~ 1.5	0.8	6 ~ 12
16	0.40		1.3	
20	0.50		2.0	
	0.60			

注：摘自 GB/T 19812.3—2008。

2. 迷宫式滴灌带

出水流道呈迷宫状，壁厚仅 0.18 mm，毛管与流道、滴孔一次成型，外形见图 3-6-3。这是我国具有自主知识产权的创新成果，与地膜结合形成的膜下滴灌带已在新疆及西北地区应用数千万亩。

优点：一是成本低，带子价格 0.20 元/m 左右，包括固定的干管、支管、水泵，每亩造价 500 元左右；二是有较宽的迷宫流道，且有多个进水口，具有较好的防堵能力，性能见表 3-6-3。

缺点：是一次性产品，寿命短，每年更换新带，劳动强度较大。

图 3-6-3　迷宫式滴灌带
（大禹节水集团）

表 3-6-3　迷宫式滴灌带主要参数

规格	内径（mm）	壁厚（mm）	孔距（mm）	额定流量（L/h）	平均流量（L/h）	铺设长度（m）
200-2.5	16	0.18	200	2.5	2.0	87
300-1.8				1.8	1.4	124
300-2.1				2.1	1.6	116
300-2.4	16	0.18	300	2.4	1.9	107
300-2.6				2.6	2.1	102
300-2.8				2.8	2.3	96
300-3.2				3.2	2.7	85
400-1.8	16	0.18	400	1.8	1.4	154
400-2.5				2.5	2.0	130

注：摘自《微灌工程技术》。

3. 压力补偿滴灌管

将特殊设计（滴头流道内有弹性膜片、过水断面与水压成反比）的压力补偿式滴头，熔贴在毛管内壁，或镶嵌于毛管外（图 3-6-4），组成具有稳流效果的滴灌管，能按照管内压力变化自动调节滴头流量大小，规格参数见表 3-6-4。

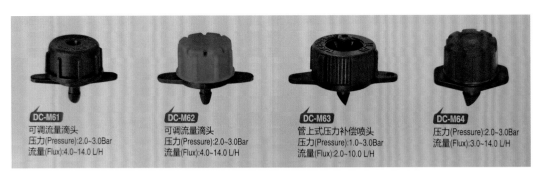

图 3-6-4　压力补偿滴头（余姚德成）

优点：在水压变化 10 ～ 30 m 范围内，滴灌管上各个滴头出口流量基本均匀，适宜在山区坡地使用，也可以增加平原滴灌管的铺设长度。

缺点：成本较高。每米价格一般超过 1 元，提高了亩成本，当然滴灌管铺设长度加长后，可使支管密度降低、用量减少，可抵偿部分滴灌管成本的提高，关键要看水肥均匀性的要求。

表 3-6-4　压力补偿式滴灌管性能

形式	公称外径（mm）	壁厚（mm）	滴头间距（m）	额定流量（L/h）	压力（m）	铺设长度（m）
内镶	12	0.4	0.1 ～ 1.5	3.0	6 ～ 45	60 ～ 450
	16	0.5		3.5		
	20	0.6				
管上	12	0.4	0.1 ～ 1.5	4.0	6 ～ 45	60 ～ 450
	16	0.5		6.0		
	20	0.6		8.0		

注：摘自 GB/T 19812.2—2005。

4. 流量可调式滴头

滴头从外面插到毛管上，拧动滴头外壳可调节间隙，即调节流量，理论上很完美，但实践中发现并不理想。

优点：流量大小可根据需要调节，可调大间隙、冲走杂质，调整间隙可把滴灌转变成微喷灌或小管出流。

缺点：成本高且调节麻烦。每亩数千个滴头，材料成本加安装费用之和是内镶式滴管的 2 ～ 3 倍；更大的问题是一个灌溉单元数万个滴头，逐个调节流量，劳力成本很高，且流量很难调到准确，所以农户的接受度不高。

滴灌管 / 滴灌带 / 滴灌配件生产厂家

厦门华最灌溉设备科技有限公司

上海华维可控农业科技集团股份有限公司

余姚市余姚镇乐苗灌溉用具厂

河北水润佳禾农业集团股份有限公司

大禹节水集团股份有限公司

台州市春丰机械厂

福建大丰收灌溉科技有限公司

耐特菲姆（广州）

山东莱芜绿之源节水灌溉设备有限公司

廊坊禹神节水灌溉技术有限公司

新疆天业节水灌溉股份有限公司

山东春晖节水灌溉科技有限公司

第七节　过滤器

过滤是喷滴灌工程成败的关键，喷灌对过滤要求相对较低，而滴灌要求最高。过滤器的种类很多，一般都需要多种（级）过滤器组合（"串联"），还需要多个相同过滤器组合（"并联"），参见表 3-7-1。

表 3-7-1　过滤器配置参考表

灌溉类型	过滤器组合
喷灌	泵前过滤：网箱、过滤井、沉淀池
喷水带	泵前过滤 + 叠片式（或网式）
微喷灌	泵前过滤 + 离心式 + 叠片式（或网式）
滴灌	泵前过滤 + 砂滤式 + 叠片式（或网式）

水质过滤，应根据水源类型进行预处理，如有大量漂浮物，应首先用过滤网或过滤坝拦截，如含有大量泥沙，应建沉淀池首先进行沉淀。选择过滤器的大致原则是：如水质较差，须用砂石过滤器；适应性广的叠片过滤器，将成为各种灌溉类型的主流；旋流式水砂分离器和网式过滤器则作为辅助过滤器。

1. 过滤网箱和过滤井

过滤网箱是在水泵进水口设置一个大容积的网箱（见图 3-7-1），将绝大部分水中的漂浮物、悬浮物等杂质拦截在水泵外面，成本不足千元，且事半功倍，可以大大减轻常规过滤器的负荷，降低反冲的频率，减少清污的工作量，延长过滤器的寿命。市场上尚无过滤箱的现成产品，需要就地制作，设计参数见表 3-7-2、表 3-7-3。

图 3-7-1　过滤网箱（浙江·2022）

表 3-7-2　过滤网面积

序号	水泵口径（mm）	水泵流量（m³/h）	滤网面积（m²）	圆　形		方　形	
				网箱尺寸（m）			
				直径	高	边长	高
1	25	5	0.6	0.5	0.5	0.4	0.5
2	32	9	1.0	0.6	0.6	0.5	0.6
3	40	14	1.6	0.8	0.8	0.6	0.8
4	50	20	2.4	0.9	0.9	0.7	0.9
5	65	36	4.0	1.2	1.2	1.0	1.2
6	80	54	6.0	1.5	1.5	1.5	1.5

注：摘自《喷滴灌优化设计》。

滤网面积是网箱四周的面积，制作时还应加上顶面和底面的面积，网布六面全封闭，网箱形状可以是圆柱形或方形。

表 3-7-3　过滤网密度

种类	灌水器滴孔直径（mm）	要求滤网孔径（μm）	选择目数（目）	相应孔径（mm）
微　灌	0.5	83	200	0.074
	0.6	100	150	0.105
	0.7	117	120	0.125
	0.8	133	120	0.125
	1.0	167	100	0.152
	2.0	333	40	0.420

种类	灌水器滴孔直径（mm）	要求滤网孔径（μm）	选择目数（目）	相应孔径（mm）
	4.0	667	20	0.711
喷 灌	5.0	883	20	0.711
	6.0	1 000	15	0.889

注：摘自《喷滴灌优化设计》。

网箱框架可以用 φ10～16 钢筋焊接，也可用 D15～25 mm 钢管连接。

网箱应固定悬在水中，网底离底 0.5～1.0 m，防止污泥吸入泵内。

南方河网漂浮物、悬浮物、杂质多，最好设置过滤井，参见图 3-7-2。造价大致 6 000～10 000 元 / 口，能节省大量清理垃圾的劳动力，而且寿命长、水质稳定，经济性很好。

2. 叠片式和网式过滤器

叠片式过滤器滤芯由数百个带凹凸细纹的塑料薄片叠加组成，每一薄片上有数百条细纹，水从细纹流过，而将颗粒截留在外，过滤精度高。当进出口水压超过设定值（3～5 m 水柱）时，转入"反冲洗"程序，此时薄片松开，反冲效果很好，在喷滴灌系统中广泛应用。

网式过滤器是用不锈钢或塑料网截留杂物，原理清晰。小规格的外形与叠片式相近，滤芯不同，两者相比叠片式可靠性更好，但笔者发现网式

图 3-7-2　过滤井（重庆·2018）

过滤器广泛使用，体积较小也可能是原因之一。两种滤器规格性能见表 3-7-4。

表 3-7-4　叠片式和网式过滤器性能

尺寸（英寸）	过滤精度（目）	最大流量（m³/h）	外形	滤芯接口	
				片式	网式
3/4	80～150	3			
1	120～150	5			

尺寸 （英寸）	过滤精度 （目）	最大流量 （m³/h）	外形	滤芯接口	
				片式	网式
1.25	120	8			
1.5	120	12			
2	120	15			
3	120	30			
4	120	60			

注：表中数据由余姚市余姚镇乐苗灌溉用具厂提供。

在有数百亩、数千亩的大灌区，随着灌溉系统现代化程度的提高，具有自动反冲洗功能，由数十个叠片式或网式过滤器组合的过滤器应运而生（图 3-7-3）。多个过滤元件并联运行，一是大流量的需要，二是用过滤后的清洁水互相轮流反冲、不间断工作的需要。

3. 离心式过滤器

又称旋流式水砂分离器，是利用旋转水流和离心力使水与砂粒分离，泥沙在重力作用下沉淀排出，而清洁水上升进入灌溉系统。过滤器只有壳体（流道），没有"滤芯"，运行最可靠。外形见图 3-7-4。

图 3-7-3　叠片式过滤器组合
（宁波格莱克林）

优点：分离水砂的效果较好。

缺点：对比重小于水的颗粒不能清除，因为离心力不够。离心式过滤器一般作为过滤系统的第一级处理设备，技术参数见表 3-7-5。实践中常与网式或叠片式过滤器组合使用，各取所长、效果完美，见图 3-7-5。

图 3-7-4　塑料离心过滤器
（宁波格莱克林）

图 3-7-5　各种过滤器（福建阿尔赛斯）

表 3-7-5　离心式过滤器技术参数

型　号	LX-50	LX-80	LX-100	LX-125
规格（mm）	50	80	100	150
连接方式	螺纹	螺纹	法兰	法兰
流量（m³/h）	5～20	10～40	30～70	60～120
质量（kg）	21	51	90	180

注：摘自《微喷灌工程》。

4. 砂石过滤器

砂石过滤器，简称砂滤，用石英砂作为过滤介质，是最传统的过滤方法，对水中有机杂质和无机杂质的过滤能力都很强，过滤效果好，能达到 80 目的过滤精度。在各种过滤器中体积最大，但"身大力不亏"，纳污容量也最大。当水中有机物含量较高时，不管无机物含量有多少，都应选用砂石过滤器，比如自来水厂都用砂石作为最基本的过滤介质。当过滤器两端压力差超过额定值 30 kPa（3 m 水柱）或 50 kPa（5 m 水柱）时，说明过滤介质被污物堵塞严重，需要进行反冲。为了能用过滤后的清洁水反冲，通常砂石过滤器"成双"或两个以上安装，互为反冲，外形见图 3-7-6。当然由

图 3-7-6　砂石过滤器
（宁波格莱克林）

于体积大，钢材使用多，价格相对其他过滤器也较高，技术参数见表 3-7-6。

表 3-7-6　砂石过滤器组合技术参数

型号	罐数（个）	罐径（mm）	型号	反冲量（m³/h）	海砂（kg）	压力（MPa）	接口直径（mm）	质量（kg）
FSL24-2	2	600	30-50	20	500	1.0	80	216
FSL36-2	2	900	60-100	45	920	0.8	100	400
FSL48-2	2	1 200	100-180	80	1 600	0.6	150	650
FSL48-3	3	1 200	150-270	80	2 400	0.6	150	975
FSL48-4	4	1 200	200-360	80	3 200	0.6	200	1 300
FSL48-5	5	1 200	250-450	80	4 000	0.6	200	1 760

注：摘自《微喷灌工程》。

过滤器生产厂家

宁波格莱克林流体设备有限公司

福建阿尔赛斯流体科技有限公司

上海华维可控农业科技集团股份有限公司

安徽菲利特过滤系统股份有限公司

河北水润佳禾农业集团股份有限公司

宜兴新展环保科技有限公司（阿速德）

大禹节水集团股份有限公司

湖南多灵环保科技股份有限公司

廊坊禹神节水灌溉技术有限公司

雨鸟贸易（上海）有限公司

福建大丰收灌溉科技有限公司

第八节　施肥器 / 施肥机

"喷滴灌 + 施肥器"就是水肥一体化设施，"水、肥、药一体化"是现代农业的要求。在多雨的南方，施肥次数往往多于灌水。施肥（药）器种类很多，这里归纳为 7 种（表 3-8-1），各具特性、各有适用范围，不能偏面追求"高档次"，应该因地制宜，根据实际需要选型。

表 3-8-1　各种施肥装置适用性对比

种类	优点	局限性	适用范围
泵吸法	简单、廉价	自压灌区不能用	中小型泵压灌区
文丘里管	简单、廉价	对主管路压损较大	中小型泵压灌区
自压式	简单、廉价	需有高差的地形条件	自压灌区
压差式	简单、廉价	浓度"锯齿形"不匀	趋于淘汰
比例式	方便、价格适中	流量较小、容易损坏	温室大棚栽培
注肥泵	可靠、价格适中	单独配置化工泵	大中小灌区都适用
施肥机	可用于多种肥料施用	设备复杂、价格较高	可施多种肥料，用于温室大棚

1. 水泵吸入法

利用水泵进水管的负压吸入肥（药）液，简称"泵吸法"。只需在进水铁管上打 1 个孔，焊上口径 10～25 mm 的接头，或在进水塑料管上接入鞍座或三通，接上肥料溶液管，在吸液管进口处配上过滤网罩，放入肥（药）液桶内即可。配备 2 只溶液桶，可以轮流配制、连续供液。在出水管上也可打孔接管，为配肥液加水。这种方法最简单，成本不足百元。凡是用水泵加压的系统都可以用这种方式，图 3-8-1 是这种装置的示意图，图 3-8-2 是实际应用照片，溶液桶内短管是吸液管，长管是加水管。这是创造学上"简单的往往是先进的"范例，《美国灌溉手册》中也推荐"水泵负压吸入法"。

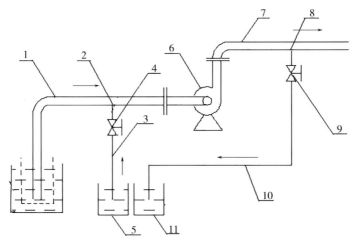

1. 进水管；2. 吸液接口；3. 吸液管；4. 吸液球阀；5. 溶液桶；
6. 水泵；7. 出水管；8. 加水出口；9. 加水球阀；10. 加水管；
11. 溶液桶

图 3-8-1　水泵负压式加药示意

图 3-8-2　泵吸法应用实物（浙江·2015）（左图为局部放大）

在浙江省台州市的机电市场上，出售微喷灌专用的"汽油机一体化水泵"，其进水管上都已为农民打好小孔，并配有加肥的接口、塑料软管、球阀等，作为水泵附件，使用非常方便。泵口径 50 mm、配 3 kW 电机，整套水泵机组的价格不超过 500 元。

2. 文丘里管施肥器

当不用水泵、没有进水管负压可利用时，可以使用文丘里管施肥器。其原理是文丘里管内有个收缩的水射喷嘴，口径很小，射出的水流速度很高。根据流体力学的特性：高速流体附近会产生低压区，正是利用这个低压，将肥（药）溶液吸入。文丘里施肥（药）装置，如图 3-8-3 所示。

优点：构造简单，造价低廉。文丘里管规格有 20 mm、25 mm、32 mm、50 mm、63 mm 5 种，一套设备 30 ～ 100 元，使用方便，肥液和干管内水量比例稳定不变。

缺点：文丘里注入器直接装在干管道上，其内部喷射嘴的口径很小，会产生 7 ～ 14 m 水柱的压力损失，故只适合小管道、小流量。在干管 ≥ 63 mm 时应将其与主管道并联安装（图 3-8-4），有条件时可用微型水泵加压。

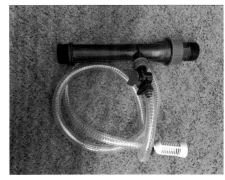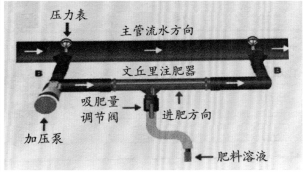

图 3-8-3　文丘里管实物　　　　图 3-8-4　并联安装的文丘里管
（引自百度）　　　　　　　　（引自《喷滴灌优化设计》）

文丘里管施肥器生产厂家

厦门华最灌溉设备科技有限公司

廊坊禹神节水灌溉技术有限公司

福建大丰收灌溉科技有限公司

山东春晖节水灌溉科技有限公司

河北水润佳禾农业集团股份有限公司

3. 自压式施肥装置

自压式施肥是利用地形高低不同，把肥药溶液池或桶（罐）放在高处，溶液利用重力流入微灌管网系统，见图3-8-5。在平原灌区，可以将肥液桶放置到高于水池的位置，利用重力流入水池。

4. 压差式施肥罐

压差式施肥罐是先将肥料或农药装入罐内并密封，两根管子接到主管节制阀的两边，见图3-8-6。当关小阀门时，在阀门两边产生压力差，高压侧是进水管，向罐内注水，搅拌溶液，低压侧是出液管，将水肥溶液注入主管。压差罐的优点是简单、可靠，但溶液"浓度不均"是其致命的缺点。每次加肥后开启时浓度很高，但随着时间线性下降，整个施肥过程浓度呈"锯齿形"变化，是美中不足，对灌水均匀的灌溉系统影响不大。

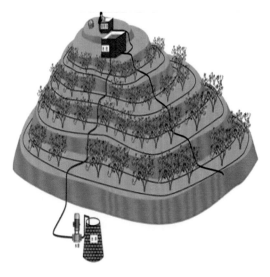

图 3-8-5　丘陵区自压施肥示意图
（引自百度）

图 3-8-6　压差式施肥罐
（上海华维集团）

施肥罐生产厂家

河北水润佳禾农业集团股份有限公司

上海华维可控农业科技集团股份有限公司

山东春晖节水灌溉科技有限公司

5. 比例式施肥器

用微型水泵将肥（药）液注入喷滴灌系统，流量可以按需要调节。比例式施肥器又称定比稀释器，直接安装在供水管上，无须电力，而以水压作为工作动力，只要打开水源即可吸入。"比例性"是保持精确剂量的关键，无论水管内流量如何变化，注入的溶液剂量总是与水量成正比，外部可调节比例，灵活方便，实物安装见图3-8-7，安装示意图见图3-8-8。

比例式施肥器生产厂家

上海华维可控农业科技集团股份有限公司

宁波市富金园艺灌溉设备有限公司

河北水润佳禾农业集团股份有限公司

山东春晖节水灌溉科技有限公司

图 3-8-7　比例式施肥器应用

（杨凌·2006）

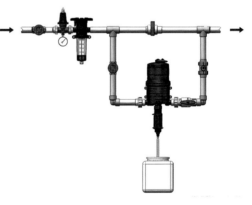

图 3-8-8　比例式施肥器示意图

（引自百度）

6. 注肥泵

注肥泵是向系统加肥药溶液的水泵，可以用市场上的高扬程小水泵，见图3-8-9。当然最好选注肥泵，可以调节流量，见图3-8-10。选型时考虑以下几点：

（1）溶液有腐蚀性，应选用化工专用泵；

（2）流量 1 ～ 3 m³/h，口径一般 25 mm（1 英寸）足够；

（3）扬程必须高于灌溉系统总扬程，喷灌、微灌分别在 60 m、50 m 以上；

（4）应选质量可靠、价格高一些的产品，因为质量次的水泵扬程达不到，流量不稳定，影响肥药的均匀性。

注肥泵生产单位

中国农业大学水利与土木工程学院（严海军教授团队）

图 3-8-9　化工泵作注肥泵（浙江·2021）

图 3-8-10　注肥专用泵（中国农业大学）

7. 施肥机

施肥机由高压水泵，单个或多个文丘里施肥器、浮子式流量计、电磁阀组合而成，目前多至"五路"，见图 3-8-11，最多可分别施用五种肥料，也可任选几种，设定并记录施用浓度、时间，显示瞬时流量，自动化程度高，因此价格也较高。适用于需要多种养分、且频繁施用的场合，如温室蔬菜、瓜果栽培，尤其是植物工厂、无土栽培。

近年还出现一种小型便携式施肥机，由浙江台州柯鑫农业科技有限公司研制，见图 3-8-12，适宜在小面积上应用。

图 3-8-11　施肥机
（北京丰亿林）

图 3-8-12　便携式注肥机（浙江台州柯鑫农业）

施肥器/施肥机生产厂家

重庆星联云科科技发展有限公司

宁波市富金园艺灌溉设备有限公司

北京丰亿林生态科技有限公司

上海华维可控农业科技集团股份有限公司

河北水润佳禾农业集团股份有限公司

浙江台州柯鑫农业科技有限公司

耐特菲姆（广州）

山东莱芜绿之源节水灌溉设备有限公司

福建大丰收灌溉科技有限公司

山东润浩水利科技有限公司

山东春晖节水灌溉科技有限公司

第九节　阀　门

灌溉系统使用的阀门种类很多，这里介绍闸阀、蝶阀、球阀、逆止阀、减压阀、安全阀、电磁阀、进排气阀八种。

1. 闸阀

铸铁闸阀是应用最普遍的节制阀（图 3-9-1），优点是开启和关闭缓慢，不容易产生水锤，管路安全性较好，缺点是水中杂物带入闸槽后处理困难，根据材料和精度不同，价格相差较大，表 3-9-1 列的是中等价格。

图 3-9-1　闸阀
（引自百度）

表 3-9-1　铸铁闸阀参考价格

规格（mm）	25	40	50	65	80	100
价格（元/个）	45	90	120	220	280	350

2. 蝶阀

蝶阀是常用的节制阀，法兰对夹式安装，体积较小，重量轻、价格低于同口径闸阀。优点是开关速度快，但相应缺点是操作过快时，容易引起管路水锤。分为手动和气动两种，为防止产生水锤，应选手动式。市场上塑料蝶阀已成熟，见图 3-9-2，重量轻、价格低，DN50 ～ 200 的蝶阀，价格在 40 ～ 280 元/个。

图 3-9-2　塑料蝶阀
（引自百度）

3. 球阀

球阀种类很多，在节水灌溉系统中应用的大多是塑料球阀，见图3-9-3。大口径的用法兰连接，小口径的用螺纹，更小的采用软管连接，质量与价格相差甚远，表3-9-2是笔者的询价记录。

图3-9-3　塑料球阀

（浙江东生）

表3-9-2　塑料球阀参考价

规格（mm）	20	25	32	40	50	65	80	100
价格（元/个）	4	5	8	12	26	52	70	135

球阀生产厂家

宁波市铂莱斯特灌溉设备有限公司

浙江东生环境科技有限公司

宁波市富金园艺灌溉设备有限公司（电动球阀）

廊坊禹神节水灌溉技术有限公司

大城县昇禹农业机械配件有限公司

4. 逆止阀（单向阀）

逆止阀又称止回阀、单向阀，早期的逆止阀材料是铸铁，体积大、笨重、且水头损失大。新产品"不锈钢对夹式逆止阀"克服了上述缺点，有拍门式和弹簧式两种，见图3-9-4和图3-9-5。参考询价见表3-9-3。

图3-9-4　拍门式逆止阀

（温州万宇阀门）

图3-9-5　弹簧式逆止阀

（引自百度）

表 3-9-3　不锈钢逆止阀参考价格

规格（mm）	50	65	80	100
价格（元/个）	300	420	480	500

逆止阀生产厂家

福建阿尔赛斯流体科技有限公司

温州万宇阀门管件有限公司

5. 减压阀

图 3-9-6　减压阀
（引自百度）

减压阀，类似电力系统中的变压器，是能自动调节流量的节制阀，阀门两旁设有压力表，见图 3-9-6。可设定阀下游所需压力，根据上游的水压自动控制流量，从而降低下游管道水压，在山区自压灌溉系统中很需要，可以代替传统设计中的调压水池，降低造价，参考价格见表 3-9-4。

表 3-9-4　减压阀参考价格

规格（mm）	50	65	100	150
价格（元/个）	360	430	495	790

6. 安全阀

安全阀又称泄压阀，其作用如同家用高压锅上的泄压阀，是管道系统的"保险丝"，按结构分为杠杆式（图 3-9-7）和弹簧式（图 3-9-8），口径不大，常用的安全阀接口直径 DN 在 15 ～ 80 mm，参考价格见表 3-9-5。

图 3-9-7　杠杆式安全阀（引自百度）

图 3-9-8　弹簧式安全阀（引自百度）

表 3-9-5　安全阀参考价格

规格（mm）	50	65	80	100
价格（元/个）	650	1 200	1 750	1 900

7. 电磁阀

随着灌溉集中控制、自动控制工程的实施，电磁阀得到了大量应用，替代手动阀，具有手动功能，还兼有减压阀、持压阀的功能，一阀多用，见图 3-9-9。塑料材质的最大口径已达到 160 mm。

国内企业在国外优秀产品的基础上不断创新，亮点频呈：如宁波耀峰节水科技有限公司将电磁阀的水头损失降低至国际先进水平；宁波市富金园艺灌溉设备有限公司将工作电压降到 3V；余姚市赞臣自控设备厂攻克

2英寸，2.5英寸，3英寸

图 3-9-9　电磁阀（余姚赞臣）

了"关键易损件"橡胶膜片技术难关；2022 年上海华维可控农业科技集团股份有限公司推出了新品——"水力控制阀"，将阀内水流从弯曲改为"直通"，过流增大、水损减小。电磁阀参考价格见表 3-9-6。

表 3-9-6　电磁阀参考价格（余姚赞臣提供）

规格（mm）	20	25	32	40	50	65	80	100
价格（元/个）	100	120	150	250	300	360	430	790

电磁阀生产厂家

宁波耀峰节水科技有限公司

余姚市赞臣自控设备厂

宁波市富金园艺灌溉设备有限公司

上海华维可控农业科技集团股份有限公司

北京丰亿林生态科技有限公司

余姚市阳光雨人灌溉设备有限公司

厦门华最灌溉科技有限公司

福建阿尔赛斯流体科技有限公司

凌兴灌溉科技（宁波）有限公司

温岭市博纳阀业有限公司

北京汇聚为高科技有限公司（亨特）

托罗（中国）灌溉设备有限公司

廊坊禹神节水灌溉技术有限公司

雨鸟贸易（上海）有限公司

8. 进排气阀

管道内水流流动中挟带的气团会形成"气阻"，影响水流通过，因此在管路的至高点设置进、排气阀（又称空气阀），见图 3-9-10。DN25、DN40 的售价分别为 60 元 / 个、90 元 / 个。"零件"虽小，但不可忽视。

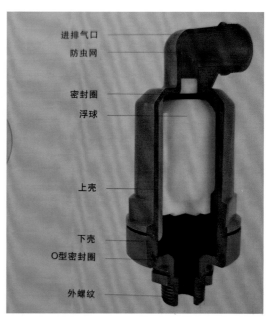

进排气口
防虫网

密封圈
浮球

上壳

下壳
O型密封圈

外螺纹

图 3-9-10　进排气阀（余姚乐苗）

进排气阀生产厂家

余姚市余姚镇乐苗灌溉用具厂

余姚市润绿灌溉设备有限公司

宁波格莱克林流体设备有限公司

福建阿尔赛斯流体科技有限公司

厦门华最灌溉设备科技有限公司

耐特菲姆（广州）

廊坊禹神节水灌溉技术有限公司

第十节 仪 表

仪表是灌溉系统的"眼睛"，就如电力系统的电压表、电流表。观测水压，能判断水泵工作是否正常，还能检验灌溉系统设计、安装和运行管理是否合理；观测水量，一是计算农业用水量的需要，二是分析作物需水量，这是科学灌溉、施肥的需要。本节介绍流量计、水压表、土壤墒情仪等三类6种仪表。

1. 电磁流量计

电磁流量计技术上很成熟，其突出优点是没有转动的叶轮，无水草缠绕之虞，在使用中无后顾之忧，并且可以显示流量瞬时值和累计值，可以储存并远程传输，适合信息化管理。电磁流量计外形见图3-10-1。但是价格较高，而且价格并不与口径成正比，口径小的价格也不低，口径大的价格提高不明显。

图 3-10-1 电磁流量计（余姚银环）

2. 超声波流量计

超声波流量计，是一种基于超声波在流动介质中传播速度等于被测介质的平均流速与声波在静止介质中速度的矢量和的原理开发的流量计，优点与电磁流量计相同,没有转动件,运行中无杂物缠绕的担心,也没有水头损失。还有一个独特的优点,就是超声波的传感器可以"贴"在水管的外壁,这为安装带来方便,也使制造成本较低。

3. 农灌水表

最常用的流量计是自来水系统用的水表,技术成熟,价格低廉,但用在灌溉系统中存在水草缠绕叶轮、计量失真的问题。宁波耀峰节水科技有限公司创新设计解决了水草缠绕叶轮的难题,形成了农灌系列水表(见图3-10-3),技术上已经成熟,已出口以色列,并在宁夏大批量应用。

图 3-10-2　超声波流量计

(山东力创)

图 3-10-3　农灌水表

(宁波耀峰)

流量计生产厂家

余姚市银环流量仪表有限公司

宁波耀峰节水科技有限公司

宁波市富金园艺灌溉设备有限公司

耐特菲姆(广州)

山东力创科技股份有限公司

山东润浩水利科技有限公司

托罗(中国)灌溉设备有限公司

山东欧标信息科技有限公司

4. 水压表

压力表是检查水泵、过滤器是否正常工作。选购压力表要注意量程，应为正常工作压力的 1.5 ～ 2 倍。微灌系统工作水压一般在 0.4 MPa（俗称 4 公斤、40 m 水柱）左右，量程宜选 0.6 MPa，见图 3-10-4；喷灌系统工作压力在 0.6 MPa 左右，量程宜选 1.0 MPa（俗称 10 公斤、100 m 水柱）。如没有合适的量程，则只能用 1.6 MPa，见图 3-10-5；不能选 6.0 MPa（俗称 60 公斤），见图 3-10-6，量程太高，犹如"磅秤称兔毛"，指针显示不灵敏。

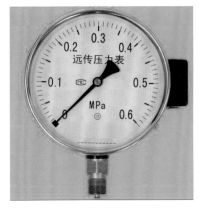  

图 3-10-4　压力表（0.6 MPa）（引自百度）　　图 3-10-5　压力表（1.6 MPa）（引自百度）　　图 3-10-6　压力表（6.0 MPa）（引自百度）

5. 张力计

张力计又叫土壤湿度计、负压计、灌溉计等，其构造如图 3-10-7 所示，安装如图 3-10-8 所示。工作原理是在连接管内灌满水，拧紧密封帽，形成密封状态。而陶瓷头是微孔体，张力计插入土壤，当土壤中水分减少时，土壤对陶瓷头内的水产生吸力，使管内产生负压，这负压值正是土壤的吸水力，其大小以指针在不同的颜色区域显示，见图 3-10-9，反映出土壤的缺水程度。如把负压表换成压力传感器，就可以实现信号远距离传送。

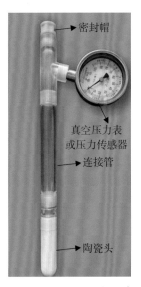

图 3-10-7　张力计构造图

图 3-10-8 张力计安装示意图（北京农服研习社）

张力计组成结构

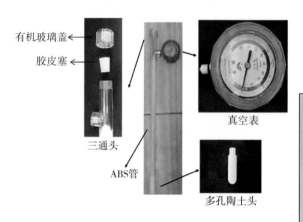

有机玻璃盖

胶皮塞

三通头

ABS管

真空表

多孔陶土头

红色：土壤水分状况差。对于大部分经济作物来说，都需要灌溉，否则会影响产量和品质。

蓝色：土壤水分状况良好。对于大部分露天栽培的经济作物来说，在这个范围内会生长良好，不需要灌溉；对于温室作物来说，当张力计指针到了这个范围后就需要灌溉了。

黄色：表示水分太多，土壤的透气性差。当指针长时间处于这个范围内时，作物不能正常生长，需要排水。

绿色：土壤水分状况最佳。对于大部分温室栽培的经济作物来说，在这个范围内生长最好，不需要灌溉。

图 3-10-9 真空表头不同颜色的意义（北京奥特思达）

张力计原理简单，能直观、可靠地显示土壤的含水量，在国内外农业研究机构和农场被广泛应用。在使用中要注意以下三点：

一是安装地点的土壤要有代表性；二是插入土壤后应灌入泥浆，使管壁与土壤紧密接触；三是每次加水时管内不能留有气泡，并且密封帽要塞紧，避免漏气。

张力计生产厂家

北京奥特思达科技有限公司

宁波市富金园艺灌溉设备有限公司

6. 一体化土壤墒情仪

一体化土壤墒情仪是由中国农业大学科研团队研发，爱迪斯新技术有限责任公司成果转化，已批量生产的新产品。其特点是集成化、小型化，集成为一根管式传感器，从感知端、云平台到用户终端一体化设计，农户微信扫码即可查看土壤含水量数据（图3-10-10）。

图3-10-10　一体化墒情仪应用场景（爱迪斯）

土壤墒情仪生产厂家

爱迪斯新技术有限责任公司

邯郸清易电子科技有限公司

山东润浩水利科技有限公司

第十一节　控制器、控制柜

1. 控制器

控制器是自动灌溉系统的主要部件，是控制系统的大脑，根据录入的程序，即灌溉开始时间、延续时间、灌水周期等，向电磁阀和水泵发出电信号，开启或关闭灌溉系统。一个控制器可以控制一个至百十个电磁阀，称为单站或多站，外观见图3-11-1。控制器大部分用交流电，电力充沛，运行可靠性高，也可以用干电池，解决了无电地区的远程控制（图3-11-2）。

还有解码器控制器，采用双线通信代替传统的多线控制器，能节约布线成本，且施工简便，维护检修方便。控制器与电磁阀之间也可采用无线联系。有线与无线各有优势和不足，无线不能取代有线，正如家中的电视机，能用有线的尽量用有线。

随着信息技术快速发展，手机已可以成为控制器，点击屏幕直接控制触发电磁阀，或者用手机遥控控制器，间接管理电磁阀。但从实践看，手机控制不能完全取代控制器，因为后者对年长的操作者更有方便之处。

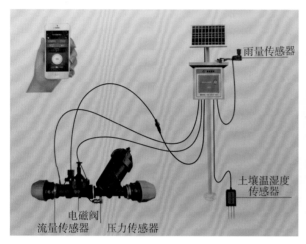

图3-11-1　多路控制器（宁波富金）

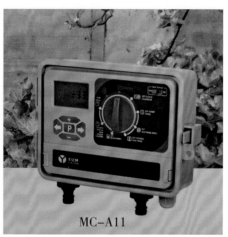

MC-A11

图3-11-2　控制器（北京丰亿林）

控制器生产厂家

北京丰亿林生态科技有限公司

宁波市富金园艺灌溉设备有限公司

余姚易美园艺设备有限公司

托罗（中国）灌溉设备有限公司

雨鸟贸易（上海）有限公司

北京汇聚为高科技有限公司（亨特）

2. 控制柜

控制柜不是简单的开关箱（图3-11-3），而是灌溉系统的"大脑"，至少应具有四方面功能：一是水泵开机、停机的开关功能；二是确保水泵电机在电压过压、低压、缺相等情况下安全运行的保障功能；三是具有变频功能，以满足灌溉系统在流量变化状况下"恒压"的要求；四是还具有自动功能，即喷滴灌系统根据土壤湿度传感器提供的数据开启自动灌溉，管道灌溉系统根据水位自动开启水泵，因此灌溉工程都应该配置性能完善的控制柜。

图 3-11-3　控制柜（嘉兴奥拓迈讯）

控制柜生产厂家

嘉兴奥拓迈讯自动化控制技术有限公司

上海华维可控农业技术集团股份有限公司

重庆星联云科科技发展有限公司

山东润浩水利科技有限公司

第十二节　取水阀、阀门箱、千秋架

1. 取水阀

取水阀是一种半移动灌溉方式的取水装置，由阀座和取水栓两部分组成，材料基本上为聚丙烯和共聚甲醛，少量为铝合金、黄铜等金属，弹簧是 304 不锈钢材质，规格有 25 mm、20 mm 两种。阀座连接固定的地下管道，一般安装在地面以下（装在阀内箱内），以不影响割草机等作业。取水栓一端连接塑料软管或者微喷水带，需灌水时取水栓往阀座一插，就打开阀门去取水，栓体拔出即阀门关闭，使用很方便、经济实惠，在城市绿化中应用广泛，所以灌溉企业中生产也很普遍。

规格(Size):1"
压力(Pressure):最大压力12Bar

规格(Size):3/4"
压力(Pressure):最大压力6Bar

图 3-12-1　取水阀（余姚德成）

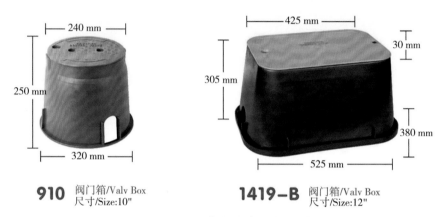

910 阀门箱/Valv Box
尺寸/Size:10"

1419-B 阀门箱/Valv Box
尺寸/Size:12"

图 3-12-2　取水阀（余姚润绿灌溉）

2. 阀门箱

阀门箱是安装闸阀、球阀、电磁阀等或小型流量计的箱体，大部分安装在地面以下，以避免被土壤掩埋、太阳暴晒、风吹雨打，达到保护的目的。阀门箱有圆形、方形，规格有 150 mm、250 mm、300 mm、350 mm 四种，材料采用的是聚丙烯。

3. 千秋架

千秋架是地下管道和升降喷头连接的"万向接头"，在园林绿化中应用很多（图3-12-3）。采用高密度聚乙烯和共聚甲醛。

取水阀 / 阀门箱 / 千秋架生产厂家
余姚市润绿灌溉设备有限公司
宁波市曼斯特灌溉园艺设备有限公司
余姚市德成灌溉设备厂
凌兴灌溉科技（宁波）有限公司

图 3-12-3　千秋架
（宁波曼斯特灌溉）

宁波市富金园艺灌溉设备有限公司

厦门华最灌溉设备科技有限公司

第十三节 园林灌溉

园林灌溉包括城市公园、生活区绿地、道路绿化、商业区绿化、高尔夫球场、体育场、庭院灌溉等，随着美丽中国、美丽乡村、城镇化的快速推进，家庭居住条件改善、生活水平提高，园林灌溉的设备的需求正在扩大。

园林灌溉的特点。与农业灌溉相比，园林灌溉有如下特点：

一是喷头规格较小。因相比广袤的农田，绿地灌区相对较小，所以喷头的规格一般不大于 25 mm。

二是喷嘴的种类较多。因绿地灌溉需要兼顾"观赏性"，喷射的水花需要各种各样的形状，相应喷嘴的设计也要有各种"花样"，"旋转射线喷头""线状散射喷嘴""齿轮旋转喷头"等特色喷头只有在园林灌溉中出现（图 3-13-1）。

三是工程造价较高。园林绿地大都用地下升降式喷头，且一般都是金属的、价格较高，加之首部控制系统、每个电磁阀控制的面积较小，因此单位面积的造价较高。

家庭绿化灌溉造价可高可低，用小水车提着水管浇灌或地插式喷头、移动式喷灌投资最省，但也可以用机械定时器实现自动灌溉（图 3-13-2）。也可以实现灌水、喷药驱蚊、喷雾造景、家庭安防等全智能控制，投资较高，但生活品位也提高了。

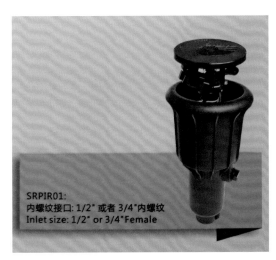

图 3-13-1 地埋式喷头

（余姚阳光雨人）

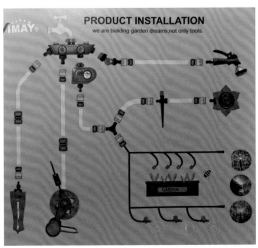

图 3-13-2 庭院灌溉示意图

（余姚易美）

园林/庭院灌溉设备生产厂家

余姚易美园艺设备有限公司

余姚市阳光雨人灌溉设备有限公司

凌兴灌溉科技（宁波）有限公司

宁波市富金园艺灌溉设备有限公司

厦门华最灌溉科技有限公司

余姚市大叶园林股份有限公司

托罗（中国）灌溉设备有限公司

北京汇聚为高科技有限公司（亨特）

雨鸟贸易（上海）有限公司

第十四节　移动式喷灌机

移动喷灌机是由农场规模化经营需要而产生的。1950年美国内布拉斯加州人发明了"圆形喷灌机"，即现今称为中心支轴式喷灌机、时针式喷灌机，转一圈能浇800多亩地，比传统灌溉省水40%～50%，节省劳动力90%，还能在坡地上喷洒，使农户增产增收，此举名声大振。1952年获得专利，后由维蒙特公司实现产业化，并得到广泛应用与推广。著名科技刊物《科学美国》评论说："圆形喷灌机是从拖拉机取代畜耕以来，最重大的农业机械发明""是世界农业灌溉史上一次革命"。移动喷灌机有电力驱动和柴油发电机驱动两种，如有条件应争取采用电网供电。2018年美国圆形喷灌机灌溉面积1.63亿亩，占其总灌溉面积1.92亿亩的85%。

我国1977年从美国购买16台圆形喷灌机，1980年开始自主开发，1983年研制成功第一代样机，1988年试制成功第二代产品，2000年试制成功"平移式喷灌机"。随着我国农业规模经营逐步发展，大型喷灌机需求量不断增大，至2020年末全国大型喷灌机保有量1.6万台。目前发展趋势是：提高效率、降低成本、低压节能、变量精准、多种用途、"傻瓜"控制等。除了灌水还可以用于喷施化肥、杀虫剂、杀菌剂、除草剂、植物生长调节剂，一机多用。根据我国耕地田块面积相对较小、经营规模偏小的国情，大型喷灌机将向着100～200亩的"中型喷灌机"发展。使用移动喷灌机最好是同种作物，同一个经营主人，以避免喷施作业时产生矛盾。

1. 中心支轴式喷灌机

中心支轴式喷灌机是将装有喷头的输水管道支承在可以自动行走的若干个塔架的大型喷灌机。工作时喷灌机像时钟的针一样围绕着中心支轴（水源点）旋转（图 3-14-1），故又称时针式喷灌机。沿着管道布置的数百个微喷头同时喷洒，转一圈可以灌溉一个半径略大于喷灌机长度的圆形面积，所以又称圆形喷灌机。

图 3-14-1　中心支轴式喷灌机
（安徽艾瑞德）

我国常用喷灌机长 310 m 左右，灌溉面积 500 亩上下。笔者曾到河北省张家口市弘基农业科技公司马铃薯农场参观，面积 3.6 万亩，配有中心支轴式喷灌机 46 台，这个农场已把喷灌机作为"常规武器"。输水管道 DN 为 110～200 mm 的薄壁镀锌钢管，由桁架支承在塔架上，高出地面 2～3 m，塔架之间称为"跨"，跨距一般为 40～60 m，安装在轮胎上，轮胎对作物有辗轧损失，面积占总面积的 1% 以内。喷头"挂"在管道上，为降低工作压力、节约能源，现在普遍采用折射式微喷头。移动喷灌机自动化程度高，可以不用人工操作而长期连续运行。在喷灌机末端装尾枪，喷洒四个角落，以弥补"田方机圆"地角漏喷的问题。DYP 系列喷灌机规格见表 3-14-1。

表 3-14-1　DYP 系列指针式喷灌机规格与主要参数

型　号	DYP-215	DYP-295	DYP-335	DYP-375	DYP-415
系统长度（m）	215	295	335	375	415
最大流量（m³/h）	118	152	168	185	210
灌溉面积（hm²）	15	28	36	45	55
每圈时间（h）	7.5	10.5	11.5	13	14.5

注：跨距 40 m、50 m；末端工作压力 0.15 MPa；降水量 5～50 mm/h。

安装中心支轴式喷灌机，不同面积每亩造价框算见表 3-14-2，说明当面积达到 500 亩以上时，每亩投资可以降到 650 元。

表 3-14-2　中心支轴式喷灌机造价框算（按圆面积计）

机组长（m）	145	210	250	290	325	357
面积（亩）	100	200	300	400	500	600
造价（元 / 亩）	1 450	1 050	833	725	650	600

注：以机组长度每米 1 000 元框算，不包括田间道路等配套设备。

2. 平移式喷灌机

平移式喷灌机是在中心支轴式喷灌机基础上发展起来的，塔架管道不是绕中心旋转，而是与耕作方向一致，沿着供水灌溉或渠道平行移动，见图 3-14-2。首部可以在一端，也可以在中间位置，称为双侧，水力性能更加合理。

图 3-14-2　平移式喷灌机（安徽艾瑞德）

由于喷灌机各点行走速度都相同，喷头配置比中心支轴式简单、等距离布置，但因导向自动化难度大，其自动化程度不如中心支轴式高，但其最大的优点是没有"角落漏喷"问题，田头地角都能喷到水。不足之处是爬坡能力较弱，要求地面平坦。

平移式喷灌机造价只与长度，即地块的宽度成正比，而与地块（行走）的长度无关；地块越长，供水管道或渠道、电缆的成本相应增加，所以长方形的土地能降低亩造价，见表 3-14-3。从表中可以看出，当地形为正方形时单位造价很高，二倍宽度时造价还较高，三倍宽度时接近中心支轴式，这是目前平移式喷灌机应用不多的原因。目前企业已制造出能"转场"到水源另一边耕地的平移机，同样的投资，灌溉面积可以扩大一倍，从而使每亩造价降低 1/2，为这种机型的推广应用创造了条件。

表 3-14-3　平移式喷灌机造价框算

项目	取值及估值				
地宽（m）	260	260	260	260	260
地长（m）	260	400	520	650	780
面积（亩）	100	150	200	250	300
价格（元/亩）	3 380	2 250	1 690	1 350	1 120

注：以每米机长价格 1 300 元框算，地形加长时，水源管道或渠道、电缆成本相应提高，比例不大、尚未计入。

平移式喷灌机代表性机型规格及参数见表 3-14-4。

表 3-14-4　DPP 系列平移喷灌机规格及主要参数

项目	型号				
	DPP-65	DPP-80	DPP-100	DPP-400	DPP-500
机组长度（m）	67.5	80	101	356	516
配置方式	单跨	双侧	双侧	双侧	双侧
跨距（m）	50	30	30	40(50)	40（50）
喷水量（m³/h）	50～80	50～80	60～100	340～400	400
面积（亩）	70	130	180	800	1 000

注：喷洒均匀系数大于 90%，末端工作压力 0.15 MPa，爬坡能力大于 5%。

3. 卷盘式喷灌机

常用的卷盘式喷灌机由软管牵引喷头车，软管也是输水管，在喷洒过程中利用水压驱动卷盘旋转（近些年我国兴起蓄电池提供动力的机型），喷头车上装有高压喷头（图 3-14-3），或者悬臂桁架，桁架上装有数十个微喷头（图 3-14-4）。卷盘机规格较多以软管外径命名。

图 3-14-3　卷盘式喷灌机（江苏华源）

微型卷盘机　25型、32型：属于新一代产品，体积小、重量轻，可用于温室大棚、苗圃园林。

轻型卷盘机　40型、50型：适用于小农田灌溉、果蔬喷灌，每天灌溉面积20～60亩，在田间作业和道路运输可由人工移动。

图3-14-4　卷盘式喷灌机（多喷头，引自CCTV-1节目画面）

中型卷盘机　65型、75型、90型：适用于大面积农田灌溉，每天灌溉面积200～300亩，体积大、重量重，需由拖拉机牵引。

大型卷盘机　100型、110型、125型、150型、160型系列：是新开发的智能化卷盘机，适用于土地规模大的灌区。

卷盘式喷灌机的不足之处有三点：一是能耗大，有50%左右消耗在卷管中；二是田间要留有机行道，即运输机道和喷头车道；三是不宜于灌溉黏性太大的土壤。代表性机型参数见表3-14-5。

表3-14-5　卷盘喷灌机（单喷头）参数

型号、管径 （mm）	卷管长 （m）	喷嘴直径 （mm）	喷洒幅宽 （m）	灌水量 （m³/h）
40	125	9～12	31～44	3.6～10.8
50	150～240	10～14	32～49	6.1～17.3
63	100～280	14～18	42～68	11.5～27.0
70	210～300	16～20	44～74	11.9～33.5
75	200～340	16～20	53～78	16.6～37.1
82	220～400	18～22	60～81	22.0～42.5
90	220～440	22～26	68～97	31.3～61.9
100	210～450	26～30	80～108	45.7～83.2

4. 小型喷灌机

小型喷灌机分为手抬式和手推式两种。

手抬式喷灌机 现多为动力机与水泵直联，动力为 3～5 kW 电动机或 3～6 马力柴油机，水泵为自吸离心泵，管道为 50 mm 或 65 mm 涂塑软管，采用 20 型摇臂喷头（进口 20 mm、接管 25 mm）。

手推式喷灌机 动力为 7.5 kW 电动机或 12 马力柴油机，水泵选用自吸泵或配有手动引水泵的普通离心泵，一般配 8～12 个 20 型喷头，见图 3-14-5。小型移动喷灌机组结构简单，机动灵活，适用于面积不大的平原和坡度不大的丘陵地的农作物灌溉，其主要缺点是当田间土壤为重黏性时，移动劳动强度大。

图 3-14-5 手推式喷灌机组
（杭州萧山水泵总厂）

移动喷灌机生产厂家

安徽艾瑞德农业装备股份有限公司

江苏华源节水股份有限公司

沃达尔（天津）有限公司

林赛（天津）工业有限公司

杭州萧山水泵总厂（小型）

本章小结

灌溉材料和设备种类繁多，规格齐全，选型时应把握两点。

第一，选择价格要理性。灌溉材料和设备，如管道、管件、灌水器（喷头、微喷头、喷水带、滴灌管/带）、过滤器、阀门等，大部分是塑料产品，塑料原料品种繁多，价格相差很大，如 PE 原料价格有 1.1 万元/吨的，也有 6 000 元/吨的。在产品选型时不能盲目压价，以砍到"最低价"而沾沾自喜，实际上企业总要保留最基本的利润，俗话说"一分价、一分货"，过低的订单迫使企业违心采用低价质次的原料，质次价廉的产品会给灌溉系统的正常使用埋下一系列隐患，所以要理性选择性价比高的产品。

第二，选择规格要理性。只要坚持一条"够安全就好、够用了就好"，多余的功能是浪费的。例如管道耐压不是越高越好，管灌耐压 20 m 水柱，微灌 40 m 水柱，喷灌 60 m 水柱就够了；又如过滤器不是越多越好，只要选好水泵进口的过滤措施，就可以事半功倍；还有控制器、施肥器不是越复杂"越先进"越好，功能越多，结构越复杂，价格越高，故障也可能越多，而根据实际需要，实用就好，可靠就好。就如"函数计算器"功能很多，很先进，价格每个 300 ～ 500 元；而简单的计算器，价格仅是前者的 1/10，但 95% 以上的人，包括银行职员都在用简单的计算器，就是因为常用的"加、减、乘、除"功能够了，且使用方便，真正的经济、实用，这是产品选型的经典案例！

第四章
节水灌溉工程案例

工程案例包括：大田、大棚、温室、植物工厂、园林、庭院、畜禽场等场景，灌溉对象涵盖粮食、蔬菜、森林植物、畜禽等。

案例1　内蒙古高标准农田示范项目

内蒙古托克县示范项目面积 1.5 万亩，通过智慧灌溉系统实现精准的灌溉施肥，通过各种传感器、智能气象站等采集作物生长所需的环境数据，经数字农业云平台的中控系统分析处理，结合内置的作物生长模型系统，形成种植标准，实现生产管理的智能管控，通过手机、网络等实现项目区的远程管控。具有节水、节肥、节药、省工、省力、省心、增产、增收、增效、低碳环保等多重效益，将人为种植经验转变为科学的数据经验，提升了整个项目区的信息化水平，助推农业种植自动化、数字化、标准化、规模化发展（图 4-1-1、图 4-1-2）。内蒙古自治区党委副书记、自治区政府主席王莉霞视察该项目后直言："以后就应按照此模式建设高标准农田！"

项目亮点：智慧灌溉系统大面积示范应用

项目施工：上海华维可控农业科技集团股份有限公司

图 4-1-1　托克县项目灌溉系统首部　　　图 4-1-2　内蒙古自治区主席王莉霞等考察该项目

案例 2　埃及设施农业智慧灌溉项目

2017 年 7 月 7 日，上海华维可控农业科技集团股份有限公司凭借成套高品质的产品体系和综合服务体系，从国内外众多优秀的同行竞争中脱颖而出，成功中标世界最大单体的温室智慧灌溉项目（图 4-2-1、图 4-2-2）。该项目是由埃及总统塞西亲自推动、国防部总投资近 30 亿人民币的重要民生项目。45 000 亩、2 926 座沙漠温室，配备全套华维智慧水肥一体化系统，主要采用滴灌，为蔬菜智能提供水肥供给。在中埃"一带一路"大合作背景下，受到两国领导人和主流媒体的高度关注，开创了中国智慧灌溉和现代农业装备走向"一带一路"的先河。2018 年埃及总统塞西亲自出席开园仪式，高度赞赏中国温室和智慧灌溉装备体系。

项目亮点："一带一路"项目，面积大（4.5 万亩）

项目施工：上海华维可控农业科技集团股份有限公司

图 4-2-1　埃及总统塞西考察项目

图 4-2-2　中埃两国专家在切磋技术

案例 3　浙江庭院绿化微喷灌项目

位于浙江余姚山区的农村别墅绿地微喷灌系统（图 4-3-1），绿地面积约 200 m²，系统用一个 App 系统，除控制喷灌设备以外，还控制整个庭院智能系统，实现了以下应用场景。

（1）绿地草坪洒水，菜地自动灌溉；

（2）草坪灯光开关；

（3）金鱼、猫狗宠物远程喂食；

（4）鱼池造雾、假山流水自动开启关闭；

（5）绿化带隔离栏雾化除尘降温，增添云雾弥漫的美景；

（6）夏天造雾，喷洒植物精油，既清新空气，又驱蚊驱虫；

（7）远程开门开窗。

图 4-3-1　别墅绿地微喷灌项目

以上场景都可以智能定时，手机操控，语音控制，并配有摄像头，执行到哪个区域，摄像头就自动跟踪到哪个区域，实现远程所想即所得，身临其境的智能体验，造价 3.5 万元左右。

项目亮点：庭院智慧灌溉系统＋庭院智能控制系统

项目设计施工：宁波市富金园艺灌溉设备有限公司

案例 4　南方蟠桃、猕猴桃微灌项目

浙江余姚市四联果园建于 2009 年，位于平原，面积 110 亩，其中蟠桃 60 亩、猕猴桃 50 亩，2010 年 8 月分别装上滴灌和微喷灌，同时配套施肥设备。猕猴桃喜欢阴湿的环境，年均喷水 40 次；而桃树相对耐干旱，但为防止裂果，避免土壤大干大湿，平均每年滴灌 20 次；其中 2/3 是因施肥而安排。由于水肥同灌，且"少吃多餐"，促进了果实品质提高、产量增加。蟠桃年均产值 2.3 万元 / 亩，其中滴灌贡献率约 30%，每年减灾增收效益约 7 000 元 / 亩。猕猴桃平均产值约为 2.5 万元 / 亩，其中微喷灌贡献率约 40%，年均减灾增收 1 万元 / 亩。果园主人是当地种植猕猴桃、蟠桃的"师傅"，多次对前来交流的农户说："我们这个地方（平原）如果没有喷灌，蟠桃是种不好的，猕猴桃是不能种的。"（图4-4-1）

图 4-4-1　果园主人向记者介绍微灌效益（2015)

项目亮点：减灾增收幅度大

项目安装：宁波市富金园艺灌溉设备有限公司

案例5 茶园喷灌除霜项目

宁波黄金韵茶业公司创建于2000年，最初面积仅40亩，当年安装半移动喷灌，埋设一条主管道，设置13个给水栓，配一套小型移动喷灌机组，亩造价370元。2006年新流转承包茶场500亩，2008年全部安装固定喷灌，总造价不足30万元、580元/亩。每年春季把喷灌用于"除霜防冻"（3月中旬"倒春寒"引起），夏、秋季则用于抗旱灌溉，多年平均增产干茶20%，经多次调查，平均增收效益3 125元/亩。2022年作者回访时了解到，虽喷灌设施每年有少量需更新、维修，但喷灌工程每年都在发挥效益（图4-5-1、图4-5-2），茶园主人说："如果没有喷灌，我们早已亏本了。"该场另有20亩苗圃，2011年装上微喷灌后，茶苗成活率提高35个百分点，增加成苗5.8万株/亩，增收6.96万元/亩。

项目亮点：工程寿命长，建成20多年，至今仍用于灌溉和除霜

设计单位：余姚市江河水利建筑设计有限公司

设备供应：余姚市阳光雨人灌溉设备有限公司

图4-5-1 黄金韵茶场喷灌（2010年）　图4-5-2 茶园主人向记者介绍喷灌效益
（2015年）

案例6 草莓滴灌施肥项目

余姚市绿洲果蔬农庄建于2008年，耕地面积22亩，种植大棚草莓，主人是当地种植草莓"第一人"，2009年安装膜下水带微滴灌（微喷水带转换成滴灌），每亩造价480元。草莓在每年9月移栽，时值温度高、蒸发量大，隔天灌水，20天中灌水10次，此后6个月生育期中，水肥同灌4～5次。2011年笔者回访时，主人介绍效益：第一是节省劳力，本来是在每两株间地膜上挖一个

孔，一勺一勺浇肥，施一亩地的肥每次需 1 个劳力，用滴灌施肥省工 80%，每亩可节省劳力成本 1 200 元；第二是增产，每亩增产 500 斤（1 斤 = 0.5 kg。全书同）是保守的（图 4-6-1），以平均售价 10 元 / 斤计，每亩增收 5 000 元也是保守估计。2022 年当笔者再次回访时，农户正在把用了 10 年的喷水带更新换滴灌带，主人高兴地说：每亩不到 500 元的滴灌用了 10 年，每年成本不到 50 元 / 亩，可以说成本忽略不计！这次介绍效益时口气更大：每亩增效 5 000 元到 1 万元。

图 4-6-1　农庄主人说"每亩增产 500 斤是保守的"（2012 年）

项目亮点：主人的效益账算得清

微喷水带供应：无锡凯欧特节水灌溉科技有限公司

案例 7　养殖场微喷降温消毒项目

2007 年余姚市"康宏牧场"猪舍安装微喷设施，猪舍面积 1.45 万 m²，造价 7 元 / m²，夏天用于喷水降温、每天 3 ~ 4 次，第二年拓展到喷雾消毒，每周 1 ~ 2 次，微喷灌"润物细无声"，收到了降低热天死亡率、节省劳动力、节约饲料、节省农药、生长快等综合效益，全年增加效益 50 多万元（36 元 /m²），牧场主人感悟"这么好的东西政府不补助也要装"。2010 年这位主人新建了"逸然牧场"，猪舍面积 2.5 万 m²，就自发装上微喷灌设施。到 2015 年余姚市 40 多万 m² 规模化猪场、兔场、鸡场、鸭场全部装上微喷设施，宁波市全市畜禽养殖场微喷灌安装面积超过 100 万 m²（图 4-7-1 至图 4-7-3）。

项目亮点：把微喷灌设备用于畜禽养殖场

微喷灌材料及设备供应：余姚市余姚镇乐苗灌溉用具厂、宁波市曼斯特灌溉园艺设备有限公司、余姚市德成灌溉设备厂、余姚市润绿灌溉设备有限公司

图 4-7-1　逸然牧场微喷灌（2013 年）

图 4-7-2　鸭场微喷灌设施（2012 年）　　图 4-7-3　鸡场微喷设施（2011 年）

案例 8　宁波 "植物工厂" 项目

浙江余姚市横坎头村是习近平总书记一次考察、二次回信的 "红村"，其 "红芯" 植物工厂总占地面积 65 亩，是一个集现代化、标准化、智能化为一体的无土栽培科技农业种植基地，也是节水灌溉、水肥一体化示范基地（图 4-8-1、图 4-8-2）。由宁波江丰电子材料股份有限公司海归创业团队投资 3 000 万元全力打造，项目分为 3 个薄膜联动温室，最大的优势是节水、高产、完全不受季节条件约束等优势，避免滋生病虫害，同时能种植 70 余种不同品种的蔬菜。目前主要种植绿叶菜、番茄、黄瓜等高品质有机蔬菜，每年可连续生产 19 ～ 20 茬，年产量高达 360 吨，可实现年产值 1 500 万元，预计年利润 500 万元，年产值和利润分别为 26 万元 / 亩和 8.6 万元 / 亩。2023 年杭州亚运会订购了这个工厂的蔬菜。

项目设计建设：宁波市蔚蓝智谷智能装备有限公司

图 4-8-1　"红芯" 植物工厂外景　　图 4-8-2　"红芯" 植物工厂 "车间"

附：宁波蔚蓝智谷历年施工的植物工厂名录

（1）江苏嘉禾力农业发展公司蔬菜植物工厂项目，1 920 m²（2017 年）

（2）上海星辉蔬菜有限公司植物工厂项目，8 400 m²（2017 年）

（3）上海归园田有机农场植物工厂项目，3 040 m²（2017 年）

（4）辽宁依农农业科技有限公司植物工厂项目一期，3 060 m²（2017 年）

（5）辽宁依农农业科技有限公司植物工厂项目二期，3 060 m²（2017 年）

（6）江西赣州兴国千亩蔬菜园植物工厂项目，2 300 m²（2018 年）

（7）江苏徐州现代农业产业园蔬菜植物工厂项目，4 032 m²（2018 年）

（8）湖南长沙浏阳蔬菜植物工厂项目，4 020 m²（2018 年）

（9）北京京东蔬菜植物工厂项目，11 040 m²（2018 年）

（10）浙江嘉兴蔬菜蓝城植物工厂项目，2 112 m²（2019 年）

（11）陕西西安蔬菜植物工厂项目，1 600 m²（2019 年）

（12）辽宁沈阳秋实蔬菜植物工厂项目一期，2 040 m²（2019 年）

（13）江苏启动嘉禾力藩茄植物工厂项目，9 568 m²（2019 年）

（14）湖南益阳蔬菜植物工程项目一期，3 840 m²（2019 年）

（15）辽宁沈阳秋实草莓植物工厂项目，5 200 m²（2019 年）

（16）广东从化蔬菜植物工程项目，3 168 m²（2020 年）

（17）上海星辉二期番茄、草莓、黄瓜植物工厂项目，8 400 m²（2020 年）

（18）上海星辉二期叶菜植物工厂项目，8 400 m²（2020 年）

（19）上海星辉二期韭菜植物工厂项目，8 400 m²（2020 年）

（20）吉林岔路现代农业园育苗系统，7 800 m²（2020 年）

（21）武汉东西湖区农业嘉年华植物工厂，50 亩（2021 年）

（22）上海祝桥镇植物工厂项目，一期 5 亩、二期 200 亩（2022 年）

案例 9　浙江"健九鹤"石斛基地微灌项目

浙江健九鹤药业集团有限公司是一家以浙东名山四明山珍稀名贵中药材——余姚铁皮石斛为核心，依托北纬 30° 地理优势，严格按欧盟有机标准种植，是集石斛原种选育、种植、研发生产、销售推广、科普教学、旅游观光以及中医药大健康产业研究开发的全产业链高科技企业（图 4-9-1）。

图 4-9-1　健九鹤集团大楼及木头寄生石斛滴灌

石斛基地建于2010年，同年安装微喷灌、滴灌设施（图4-9-2至图4-9-4）。总面积1 250亩，其中大棚栽培60亩，大田梨园栽种近1 200亩，即把石斛寄种在梨树上，"石斛种树上、微灌装空中"，用微喷灌和滴灌为石斛补充水分，梨树枝为石斛提供养分，树叶为石斛遮挡阳光，使石斛更接近野生环境，品质更好且带有甜味。大棚内喷

图4-9-2　大棚栽培石斛微喷灌

滴灌全年使用360次，鲜枝亩产值9万元，露地梨园全年喷水180次，是笔者了解的喷滴灌工程中使用频次最高，经济效益最好的基地之一。

健九鹤集团与浙江大学、浙江中医药大学、江南大学共同建立科技小院、科技工作站、博士后工作站，已成功研发出石斛九大系列健康产品，分别为：铁皮石斛枫斗、铁皮石斛花、铁皮石斛黄精酒、铁皮石斛白兰地、铁皮石斛鲜露饮、铁皮石斛原浆饮、铁皮枫斗晶、铁皮石斛含片、铁皮石斛浸膏等。

图4-9-3　严格按欧盟标准生产

图4-9-4　石斛微灌基地全景

84

项目亮点：农业企业的经营思路决定节水灌溉设备的经济效益

喷灌工程设计施工：上海及雨农业科技有限公司

案例 10　北京水肥一体化示范项目

北京水肥一体化集成示范项目是国家农业部、水利部小麦、玉米综合节水示范基地（图4-10-1）。时任水利部部长陈雷、时任农业部部长韩长赋曾前往视察。项目位于顺义区，面积200亩，建成于2013年，由河北水润佳禾设计、供货、施工。项目集指针式喷灌机、滚动式喷灌机、微喷带、小白龙、温室花滴灌，并配套智能井房、墒情检测、自动控制等系统。

图 4-10-1　北京水肥一体化示范项目

实现麦田节水 70 m³/ 亩，增产 15% 的效益。

项目亮点：北方粮食作物水肥一体化示范

设计施工、设备供应：河北水润佳禾农业集团股份有限公司

案例 11　京南生态园樱桃节水灌溉项目

图 4-11-1　京南生态园樱桃滴灌

京南生态园项目位于河北保定市雄县白码村，一期工程樱桃园1 000亩，其中建环绕式滴灌436亩，小管出流564亩，配套智能化灌溉施肥系统（图4-11-1）。施工期为2014年3月10日至4月14日，项目投资186万元。项目由河北水润佳禾设计、供货、施工。项目效益为：比大水漫灌节水75%，节约人工费85.2元/亩（省70%），节约肥料32元/亩（20%），同时减少病虫害发生，避免了土壤板结，樱桃提前5天上市，提高了果品质

量，且产量增加 10%。

项目亮点：北方果园微灌水肥一体化示范

设计施工、设备供应：河北水润佳禾农业集团股份有限公司

案例 12　山东卷盘式喷灌机应用项目

山东省东明县粮食绿色高质高效大豆单产提升项目，种植面积 10 万亩，采用"核心示范—应用—辐射推广"的技术路线，以技术集成和示范应用为主。项目投入江苏华源节水股份有限公司的 60 套"华源节水"JP75-300 型卷盘式喷灌机，以及智慧灌溉设备控制平台（图 4-12-1）。农户通过触摸屏或客户端输入基本工作参数后，能够控制喷灌作业过程，

图 4-12-1　卷盘式喷灌机工作状态（江苏华源）

包括收管速度，大风条件下的喷头射程控制，完成作业后的停机控制。应用成效：①灌溉效率大幅提升。比移动式管道灌溉效率提高 3～5 倍，解决了农户排队浇水的难题。②节省劳动力。比移动式灌道灌溉节省 50%。缓解了农村劳动力"人难请"的难题。③产量提高。增加小麦产量 100 kg/ 亩。

项目亮点：卷盘式喷灌机在粮食作物生产中的应用

设备供应：江苏华源节水股份有限公司

案例 13　河南卷盘式喷灌机示范项目

河南省博爱县高标准农田示范基地，种植面积 13 万亩，由博爱县农业农村局采购，配备由江苏华源节水股份有限公司生产的智能化卷盘式 JP90-300 型含水肥一体化设备 45 套（图 4-13-1、图 4-13-2）。设备具有两项技术服务：①互联网平台管理系统，可实现喷灌机状态的远程监测和远程控制，用户可以获得实时状态信息；②基于农田现场信息的智能决策系统，指导农户进行合理高效的农田作业。水肥

图 4-13-1　大喷头为小麦"人工降雨"

一体化设备可将肥料溶液注入喷灌机输水管道,与灌溉水均匀混合,在灌溉的同时完成施肥作业。由于水源为黄河水,又配套 45 套砂石式过滤系统。

图 4-13-2　在田间的卷盘式喷灌机

效益:①节水,比原来漫灌节水 30%～50%;②省工,比传统漫灌节约劳动力 70%;③节能,比原来节约柴油 40%;④节地,节省原渠道占地约 5%;⑤增产,及时灌溉抗旱,小麦增产 130 kg/亩。

项目亮点:卷盘式喷灌机在粮食作物增产中效果显著

设备制造:江苏华源节水股份有限公司

案例 14　水稻育秧及大田节水灌溉项目

图 4-14-1　水稻微喷灌育秧(浙江·2022)

水稻育秧微喷灌(图 4-14-1)。2012 年笔者设计在水稻育秧大户安装了微喷灌,共 1.8 万 m²(27 亩),每茬育秧期 25～30 天、喷水约 140 次,每年育早、中、晚稻秧苗三茬,共喷水 400 多次,农户介绍效益如下:一是秧苗质量好。喷灌的秧苗根

系多、秧苗健壮,"苗好三分收",水稻产量提高 50 kg/亩。二是浇水劳力省。每茬节省劳力成本 670 元/亩,一年三茬节约 2 000 元/亩。三是秧田利用率高。每亩秧能多种 30 亩,全年三茬增加收入 7 200 元/亩。2022 年,笔者回访农户,微喷灌设备依然用得很好。

水稻节水灌溉。2022 年笔者在这个大户的稻田看到由 4G 控制的给水桩(图 4-14-2),原来由于农业劳动力紧张,应大

图 4-14-2　稻田给水桩(浙江·2022)

户要求安装了稻田"自动开关",开发这项技术的宁波市富金园艺灌溉设备有限公司李总告诉笔者,这种给水桩完全按节水灌溉要求控制水位,笔者喜出望外,终于看到多年的愿望实现了。

项目亮点:水稻节水灌溉

设备制造及安装:宁波市富金园艺灌溉设备有限公司

案例 15 灌溉泵站流量计应用项目

项目位于浙江省余姚市大型(四明湖)水库灌区的两条分干渠,各有水稻灌溉面积 1 万亩,原来为自流灌区,随着水库逐步"农转非"——转向城乡水厂供水,需把自流灌区改为提水灌区,2003 年在两条分干渠进水口各建一座提水泵站(图 4-15-1),每站配置口径 500 mm 混流泵 4 台,单泵流量 0.55 m^3/s,站流量 2.2 m^3/s,为准确、及时显示提水数量,在每台水泵配置了 1

图 4-15-1 灌区泵站内景(左边灰白色为电磁流量机)

台 500 mm 口径电磁流量计,共 8 台。流量计能现场显示流量的瞬时值和累计值,泵站提水计量实现了由传统的从用电量推算到流量仪表的直接显示,并能远程传输到水库调度室和水利局调度中心,为科学调度和灌区信息化提供了可靠数据。

项目亮点:电磁流量计在泵站中的应用

电磁流量计制造:余姚市银环流量仪表有限公司

案例 16 山东泰安市灌区流量计应用项目

2021 年,泰安市新泰市在东都镇、禹村镇、谷里镇、羊流镇等 4 个镇的 42 万亩农田,全面开展农业水阶综合改革,其中一项重要内容为建设灌溉用水计量网络,并应用山东力创科技股份有限公司生产的超声波流量计(图 4-16-1),共 227 套,实现了灌溉用水计量。同时在新泰市水利局建立农业水价改革信息化平台,实现了用水数据的统计、存储、远传、监控、分析等

图 4-16-1 太阳能远传超声波流量计

综合功能。流量设施的安装，能实时准精记录用水量，并以水量结算费用，实行农业用水奖罚机制，提高了农户节约用水的意识，减少了灌溉水的浪费，每亩灌水量从 195 m^3 降至 179 m^3，亩节水 16 m^3，全灌区年节水 672 万 m^3。灌区水费的收取，增加了灌溉工程的维修养护资金，破解了管理维护的难题，减轻了村级集体经济的负担，并最大限度地发挥了灌溉工程的效益。

本案例被列为"水利部农业水价综合改革典型案例"。

项目亮点：超声波流量计在农田灌溉中大面积应用

超声波流量仪制造：山东力创科技股份有限公司

案例 17 张力计应用项目

江苏盐碱地绿化滴灌项目

项目位于连云港徐圩新区，绿化面积 44 万 m^2，采用滴灌对盐碱地原土绿化水盐进行调控，由张力计（负压计）监视土壤含水量指导灌溉，目的是在保证盐分快速淋洗的同时，为栽种的树木缓苗提供适宜的水分条件（图 4-17-1）。

内蒙古马铃薯灌溉项目

项目区为内蒙古马铃薯试验基地，占地面积 1 000 亩，采用滴灌精准灌溉水肥一体化技术（图 4-17-2）。作物全生长期由张力计显示墒情，指导灌溉。管理人员通过观察张力计读数，确定是否需要灌溉，何时停止灌水，为马铃薯提供适宜的水分条件。

图 4-17-1 江苏盐碱地绿化滴灌

云南牛油果基地滴灌项目

项目区为云南牛油果种植基地灌溉工程，面积 100 亩，采用滴灌水肥一体化技术，安装张力计作为土壤墒情仪（图 4-17-3）。作物全生长期均由管理人员通过观察张力计读数了解土壤水分状况，决定灌水时间。

图 4-17-2　内蒙古马铃薯滴灌　　　图 4-17-3　云南牛油果滴灌

项目亮点：张力计作为"常规武器"应用

设备提供：北京奥特思达科技有限公司

案例 18　北京怀柔区土壤墒情监测网络项目

北京市怀柔区地处燕山南麓，拥有丰富的地下水资源，是北京市的农业种植区域，主要作物有小麦、玉米、蔬菜和果树。因此在这里布置土壤墒情监测站，对实施节水灌溉、科学灌溉具有重要意义。2018 年怀柔区水务局各乡镇灌区部署建设 31 个墒情监测站点，配置 77 个墒情传感器，并开发了土壤墒情接收与展示平台，进行数据采集和处理。还设计开发了田间水利用系数展示系统，该系统 OneNET 物联网平台接收到的各个土壤墒情传感器进行可视化开发，通过部署田间水利用系数计算程序得出田间水利用系数，并进行可视化展示（图 4-18-1、图 4-18-2）。

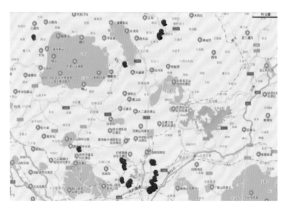

图 4-18-1　怀柔区墒情监测网点发布图

图 4-18-2　土壤墒情传感器布置实物图

项目亮点：以县（域）为单位建设墒情监测网络

墒情仪制造：爱迪斯新技术有限责任公司

案例 19　湖南省土壤墒情监测网络项目

图 4-19-1　湖南省墒情传感器安装实景

为了对全省防旱抗旱指导提供土壤墒情数据和决策依据，全面落实湖南省"十四五"水安全保障规划，湖南省水文中心积极推进墒情监测系统建设。由省水文中心牵头落实"湖南省墒情监测工程建设项目"已基本完成施工，在全省范围内建设墒情监测网点 367 个和综合试验站 1 处（图4-19-1）。其中 100 个监测点由爱迪斯新技术有限责任公司提供土壤墒情

监测设备，目前这 100 个站点已全部投入使用，设备工作稳定，数据采集及传输正常。

项目亮点：建设省域墒情监测网络系统

设备提供：100 套墒情传感器由爱迪斯新技术责任有限公司提供

案例 20　云南花卉示范基地"水坦克"应用项目

项目位于云南省昆明市晋宁区环湖南路，面积 400 亩。基地注重生态环境保护，采用先进的有机肥和滴灌水肥一体化技术。从水库引来水源，为防止水

体污染，选用装配式蓄水池——"水坦克"，其中容积 524 m³ 的 12 个，313 m³ 的 5 个，共 17 个蓄水罐、总蓄水量 7 853 m³。水坦克外壁为波纹镀锌钢板，内胆采用防老化、绿色环保的 PVC 膜，能杜绝藻类及细菌滋生。这种装配式蓄水池的应用，解决了花卉产业发展面临的水环境保护难题（图 4-20-1 至图 4-20-3）。

项目亮点：规模化应用装配式蓄水池——"水坦克"

设备制造：广西芸耕科技有限公司

图 4-20-1　晋宁区花卉示范基地

图 4-20-2　室内"水坦克"

图 4-20-3　室外"水坦克"

案例 21　宁夏高标准农田建设项目

吴忠市太阳镇高标准农田项目

该项目面积 1.84 万亩，作物以小麦、玉米为主，建设内容为高效节水灌溉供水管网及自动化滴灌设施，总投资 4 482 万元，其中应用口径 150 mm 的电磁阀 600 多个，工程于 2020 年实施。工程实现信息化运行，管理人员通过手机远程控制灌溉，人均管理面积由 50 亩扩大至 1 200 亩，节省劳动力 96%。项目区由原来的旱耕地变为现代化的滴灌地，玉米产量由广种薄收的平均亩产 30 kg 跃升到 1 000 kg，每亩增加产值近 2 000 元，同时肥料用量每亩减少约 30 kg。

项目亮点：大面积应用电磁阀

项目设计：宁夏慧图科技股份有限公司

电磁阀供应：宁波耀峰节水科技有限公司

中宁县高标准农田建设项目

项目位于该县喊叫水乡和徐套乡，面积25万亩，为硒沙瓜特色产业基地。工程建设内容为水源工程、输水工程、田间工程（自动化滴灌）。项目采用2 000多个"水表阀"（水表＋电磁阀）实现远程控制，计量收费（图4-21-1）。项目区原以拉水浇灌为主，硒沙瓜亩产量1 200 kg，采用滴灌后提高至2 000 kg，增产率67%，农民每亩增收800元。

图4-21-1　项目应用的水表阀

项目亮点：水表阀的大面积应用

项目设计：中宁县碧水源水务有限公司

水表阀供应：宁波耀峰节水科技有限公司

案例22　大禹节水集团云南元谋节水灌溉项目

云南省元谋县大型灌区丙间片11.4万亩高效节水灌溉项目采用BOT模式，总投资3.08亿元，其中政府投入1.2亿元（39.0%），社会资本投入1.47亿元（47.7%），农户自筹0.41亿元（13.3%）。项目涉及4个乡镇，16个行政村、110个自然村，1.33万户、6.63万人。建设内容包括取水、输水、配水、田间工程4部分。工程于2016年开工，建设主管、干管、支管552 km，安装过滤设施1 015台（套），智能水表4 455台，发放农户取水卡9 257张，于2022年建成（图4-22-1）。

项目破解了"谁来建""谁来管"等问题，取得了以下效益："三省"，即省水、省肥、省工，管道输水加滴灌，全年省水2 158万 m³、189 m³/亩，节肥25%～30%，节省灌溉用工30%。"三增"，即增产、增收、增值，亩均增产26.6%，每亩增收5 000元以上。"三提高"，即提高供水保证率、由75%提高到90%，提高水资源利用率、灌溉水利用系数从0.5提高到0.9，提高滴灌普及率，达到98%。

图4-22-1　大禹节水集团董事长王浩宇
介绍"元谋模式"

"三促进"，即促进农业产业发展，总产值由 2017 年的 27.67 亿元增加到 2022 年的 54.22 亿元，促进农民增收，居民可支配收入从 2017 年的 1.15 万元增加到 1.75 万元，促进了村民和谐用水。

项目亮点：工程建设＋运行管理＝创建"元谋模式"

项目建设和运行管理：元谋大禹节水有限责任公司

案例 23　张家口移动喷灌机项目

河北张家口弘基农业科技开发有限责任公司，位于北纬 42°、海拔 1 400 m 的张家口塞北管理区——全国最佳的马铃薯种植带，公司拥有马铃薯种植基地 3.6 万亩，从荷兰引进的大型指针式喷灌机 46 台（水源为机井）（图 4-23-1、图 4-23-2）。笔者 2019 年去该公司参观时张总说喷灌机用得很好，规模化经营灌溉、施肥必须用这种设施。2023 年在本书即将搁笔之机，弘基公司的李总、裴总告诉笔者：每年"根据降雨情况，灌水 8 ～ 10 次，施肥大约 5 次"。

项目亮点：指针式移动喷灌机的规模化应用

图 4-23-1　弘基农业公司使用中的指针式喷灌机

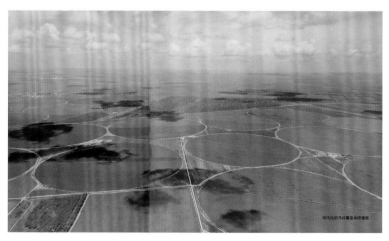

图 4-23-2　弘基农业公司的马铃薯"喷灌圈"

案例 24　厂区绿化喷灌项目

项目位于浙江绍兴金道科股份有限公司新建厂区，绿化净面积约 1.6 万 m²，为更好地进行绿化养护，建设了自动化灌溉系统（图 4-24-1）。喷灌系统采用双水源方式：河道水源采用 9.2 kW 潜水泵（2 台、1 备 1 用）、恒压变频控制，采用自动反冲洗砂石过滤器 + 自动反冲砂叠片式过滤器；备用市政水源采用 5.5 kW 增压水泵，也采用恒压变频控制、叠片式过滤器。

图 4-24-1　金道科公司厂区绿化喷灌项目

系统采用解码器控制，该控制器自带独立灌水程序，可以根据需要编写各喷水点的操作程序，为电磁阀提供独立的工作信号，实现自动灌水，同时控制系统接入雨量传感器，降雨时自动关闭。

项目亮点：厂区园林灌溉

项目设计施工：杭州雨鑫环境科技有限公司

本章小结

节水灌溉项目是工程设计水平、材料设备质量、施工安装质量和运行管理能力的综合检验。常言道"三分建设、七分管理"，前三者即设计、材料、施工属于建设，是基础，后者运行管理则是关键，四者之间互相联系、缺一不可，才能使项目发挥理想的效益。

1. 建设是基础

第一，设计要合理。不能追求"高大上"，而要追求技术上的先进性与经济上合理性的有机结合，尤其要提倡"小流量设计"，适当扩大轮灌面积、一能减少材料用量、降低造价，契合低碳、绿色的时代要求，二是小流量符合作物的生长规律，属于科学灌溉。

第二，材料设备质量要可靠。如水泵的扬程、流量达不到标牌的额定值，就会错怪设计不好、喷头不好、安装不好。如过滤器的质量不过关，人们埋怨的往往是滴灌的质量不好。

第三，安装要一丝不苟。每一种产品依赖准确的安装才能正常发挥功能，例如最简单的是固定喷灌竖管的垂直度，不但影响工程的美观，而且影响喷灌的均匀度。

2. 管理是关键

现代化的宽阔街道，如果半个小时没人管，就会在十字路口乱成一团糟、造成车辆水泄不通。同样，灌溉工程不能正常使用，大多是由管理缺失引起。从机制改革入手，建立专业管理队伍，由施工单位承接管理则更有利，如同大禹节水集团的"元谋模式"，并且计量收取水费，是灌溉工程"可持续发展"、长期发挥效益的根本之策。

第五章
水肥一体化技术简介

第一节　水肥一体化技术的概念

　　作物生长需要五个基本要素：光照、温度、空气、水分和养分，在自然生长条件下，前三个因素人为较难调控。水可调肥、水可调气、水可调温，水是最活跃也是最可控的因素。水肥一体化，是把肥料溶解在灌溉水中，以水带肥、以水控肥、随水施肥，实现水肥同步供应。水肥一体化又称"灌溉施肥""加肥灌溉"。从广义上讲，管道水中加肥、淋施、浇施、喷施都属于水肥一体化；狭义上讲，水肥一体化是指利用喷滴灌设备施肥，适时、适量、准确地把水和肥送到作物根系附近土壤。

1.水肥一体化基础理论

　　作物有根系和叶面两张"嘴巴"，根系是大嘴巴，养分元素主要由根系吸收；叶面是小嘴巴，叶面施肥能起补充作用。施入土壤的肥料通过扩散和质流两个过程到达作物根系。扩散过程，是肥料溶解后进入土壤溶液，靠近根系的养分被吸收、使浓度降低，远离根表的养分浓度相对较高，养分向浓度低的根表移动，被根系吸收。质流过程，是作物在阳光下叶片气孔张开，进行蒸腾作用，导致水肥消耗，根系必须源源不断地吸收水分、养分供叶片蒸腾和植物生长，靠近根系的水肥被吸收了，远处的水就流向根表，水中的养分也随水到达根表，从而被根系吸收。

　　理论指导实践。上述理论对我们的启示：一是肥料必须施在根系密集区附近，以增大与根系的接触机会，否则会"吃不到"；二是肥料一定要溶解才能被作物吸收，不溶解的肥料根系"吃不下"。水肥一体化是先把肥料溶解于水，然后同时送至作物根系，可以说是恰到好处！

2.水肥一体化的优点

水肥一体化有多种方式，如挑担浇施、拖管淋施，喷灌、微喷灌、水带喷施，滴灌滴施，叶面喷施、树干注射等，其优点如下：

（1）节省劳力　利用喷滴灌系统施肥可以远程控制，"少吃多餐"、水肥同灌、能节省灌水和施肥劳动力成本90%左右。

（2）灵活、方便　准确控制施肥数量和时间，实现适时、适量科学灌水、施肥。作物生长旺期是需肥高峰期，有的作物（如甘蔗、马铃薯）封行后很难进行传统施肥；有的作物（如草莓、西瓜）盖膜后，人工施肥劳力成本很高，而且易损伤根系和薄膜，此时采用地下滴灌或膜下滴灌施肥就优势凸显。

（3）提高肥料利用率　水肥溶液被送到作物根系密集区，充分保证了作物对养分的快速吸收。特别由于微灌水量小，延长了作物吸收养分的时间，大大减少了由于过量灌溉导致养分向土壤深层渗漏的损失，可提高肥料利用率30%以上。

（4）减少污染　可避免肥料渗漏至深层土壤，减轻对土壤和水环境的污染。"肥料流失"是目前农村河网和水库水体高氮、高磷的主要污染源，精准施肥是保护水环境的根本措施。

（5）提高经济效益　灌溉施肥喷洒均匀、及时高效，改善作物品质，可提前上市，且可以控制作物生长期，延长市场供应期，获得最佳经济效益。

第二节　水肥一体化技术的发展

1.水肥一体化现状

从世界范围看，在现代农业中，美国25%的玉米、60%的马铃薯、33%的果树采用水肥一体化技术；以色列90%以上的农业实现了水肥一体化，从一个"沙漠之国"发展成为"农业强国"。与发达国家相比，我国发展水肥一体化技术晚了20年，从20世纪90年代开始，水肥一体化的理论研究及技术应用才日渐被重视。

当前我国已具备发展水肥一体化的基本条件，到2022年已建成高效节水灌溉面积4亿亩，为实施水肥一体化奠定了基础。近几年，各地农村土地流转如火如荼，规模化、集约化的农业成为未来发展的大趋势，数字化、信息化受到新一代农业从业者的重视，先进灌溉设备和水肥一体化节水必将快速推广。

2. 水肥一体化发展趋势

"农田就是农田，而且必须是良田。""稳住农业基本盘，守好'三农'基础是应变局、开新局的'压舱石'。""农业农村工作，说一千、道一万，增加农民收入是关键。"国家对"三农"工作的重视，是发展水肥一体化技术的"天时和地利"。

农作物的生长离不开土壤、水、肥等资源，高效利用这些资源，关乎我国农业的可持续发展。推广水肥一体化技术是现代农业"必修课"，而不是"选修课"。进入 21 世纪中后期，水肥一体化技术将会以前所未有的速度发展。21 世纪的农业将朝着造价低、能耗低，自动化程度高、效率高的方向发展。从单一技术向综合性、信息化转变，从渠道输水向管道输水转变，从浇地向浇作物转变，从向土壤施肥到向作物施肥转变，广泛应用信息化技术，工程措施与非工程措施并重是水肥一体化发展的方向。

3. 水肥一体化推广的挑战

（1）水溶肥生产企业良莠不齐　目前全国有水溶肥企业 5 000 家左右，但规模普遍偏小，大部分年产能不足 5 万吨，超过 10 万吨的企业屈指可数。部分企业在资金、研发、技术上都投入不足，生产设备简陋，产品质量很难保证。

（2）产品质量参差不齐　水溶肥市场比较混乱，假冒伪劣产品较多，影响优质产品推广，并且国家标准没有完全统一，不利于行业的良性竞争和发展。

（3）技术设备不配套　需要重视高效节水灌溉和施肥制度的优化，重视施肥设施和水溶肥料应用，强化对水肥一体化技术的培训服务。

第三节　水肥一体化适用的肥料

适合灌溉施肥的肥料应该满足以下要求：养分浓度较高；在田间温度条件下溶于水，且溶解速度快；流动性好，施用方便；杂质含量低；能与其他肥料混用；对灌溉水相互作用小，不会引起 pH 值的激烈变化；对灌溉系统设备的腐蚀性小。

灌溉施肥中常用的肥料有单元、双元水溶性肥料，微量元素肥料、有机肥、水溶性复混肥、液体肥料等多种。中微量元素水溶性肥中，绝大部分溶解性好，杂质少。

任何肥料必须溶于水中成为离子态，才能为作物根系或叶面吸收。液体肥料已在很多国家广泛应用，美国液态肥占全部肥料的55%，英国、澳大利亚、法国、西班牙、罗马尼亚等国也已大量使用液体肥，以色列使用液体肥料几乎是百分之百，液体复混肥必将成为我国未来的主流肥料。

1. 尿素

是灌溉系统中使用最多的氮肥。其溶解性好，养分含量高，无残渣，与其他肥料的相容性好，容易购买，是配制复合肥的主要原料。

2. 碳酸氢铵、硫酸铵和氯化铵

这3种是常用氮肥，溶解性好，无残渣。硫酸铵与氯化铵可以用于低档水溶复合肥，但氯化铵对忌氯作物要慎用。

3. 硝酸铵

溶解性好，与其他肥料的兼容性好，是灌溉用的优质氮肥。但由于存在安全性问题，国家禁止固体硝酸铵进入市场，目前主要以硝酸铵钙用于灌溉系统。

4. 硝酸铵钙

为常用钙肥，为了解决硝酸铵的安全性问题和硝酸钙的吸潮问题，硝酸铵钙由此而生，从原理上讲是硝酸铵与硝酸钙的混合，通常为白色圆粒，溶解性好。

5. 硝酸钙、硝酸镁

不但提供硝态养分，还提供中量元素钙、镁，溶解性好，无渣。缺点是吸潮严重，一定要密封包装。硝酸钙属于常用钙肥，但硝酸镁市场上少见。

6. 氯化钾

仅指白色粉末状产品，主要用作复合肥的钾原料，如约旦、以色列及国产的氯化钾，溶解性好，可用于灌溉系统。

7. 硝酸钾

用于灌溉系统的优质肥料，溶解快、无杂质。是蔬菜、瓜果、花卉的理想肥料，也是制造水溶性复合肥的重要原料。

8. 氯化钙

属于钙肥，性能同上，只是对忌氯作物应慎用。

9. 硫酸镁

常用镁肥，溶解性好，价格便宜。

10. 硫酸钾镁肥

既补钾，又补镁，现在使用越来越普及。

11. 微量元素肥

很少单独通过灌溉系统应用，主要通过微量元素水溶性复合肥一起施入土壤。

12. 固体有机肥

养分丰富，经过沤腐过滤，可以直接用于灌溉施肥，凡是易沤腐、残渣少的有机肥都适合。有机肥还田，变废为宝，应该大力提倡。

13. 沼液肥

排放量大、且养分丰富，也是变废为宝，应该充分利用。只需经过 1 ~ 2 级滤池过滤，可采用喷灌和微喷灌系统喷施；经过 3 级以上滤池过滤，完全可用于滴灌系统施肥。

14. 水溶性氮磷钾肥

水溶性复混肥，以单元或二元肥为原料配制而成，可分为水溶性氮磷钾肥料、水溶性微量元素肥料、含氨基酸类水溶性肥料、含腐殖酸类水溶性肥料。这四类肥料中，水溶性氮磷钾肥料既能满足作物多种营养需要，又适合于灌溉系统，是未来发展的主要类型。

15. 液体肥料

又称流体肥料，是含有一种或一种以上营养元素的液体产品，大致可以分为液体氮肥和液体复混肥两大类。

液体氮肥　液氨、氨水、氮溶液。

液体复混肥　含有作物生长需要的全部元素，如氮、磷、钾、钙、镁、硫和微量元素。也可以加入溶于水的有机物质。

液体肥料可以根据作物需要的营养设计肥料配方，肥效比常规复合肥高。液体肥料是自动化施肥的首选肥料。

本章小结

水肥一体化技术是在灌溉的同时，通过灌溉设施将肥料输送到作物根区的一种施肥方式，具有显著的节水、节肥、省工、优质、增产、环保等优点，其基础理论是植物营养学的扩散和质流学说。水肥一体化对肥料的基本要求是水溶性好，液体肥料是灌溉施肥的首选。水肥一体化能提高肥料利用率的关键是促进了植物对养分的吸收。我国存在水资源短缺、农业生产存在劳动力成本高、化学肥料利用率低、有机肥料大量废弃等问题，水肥一体化技术具有广阔的发展前景。

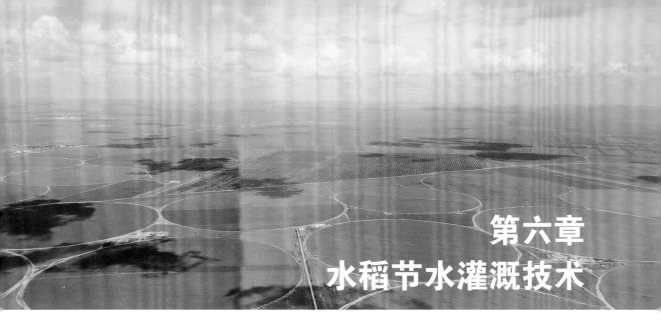

第六章
水稻节水灌溉技术

第一节　概　述

1. 水稻节水灌溉的意义

民以食为天，14亿多人口的吃饭问题，是我国的头等大事。习近平总书记指出："中国人的饭碗任何时候都要牢牢端在自己手中，饭碗主要装中国粮。"水稻是我国最主要的粮食作物，种植面积达4.5亿亩左右。我国是世界栽培水稻的主要起源地，1973年，浙江余姚发现了举世闻名的河姆渡文化遗址，其中发现了10吨左右的稻谷层，被断定是人工栽培的水稻，距今已有7 000年历史。

目前，水稻的灌溉用水量仍然很高，每亩平均400 m³左右，水稻用水量占农业用水量的近50%，浪费现象很普遍，具有很大的节水潜力。

几年前，有位印度农民因水稻高产在全球网上走红，据称他的亩产量达到2 986斤，比袁隆平杂交稻的2 580斤的世界纪录还高400多斤，看了对方发布稻田的照片，袁隆平就说："那是百分之一百二十吹牛，是假家伙，他的田也不好，是烂泥田……。"说明灌水太多、排水不畅的"烂糊田"是种不出高产水稻的。

袁隆平说："任何一种高产水稻都需要良种、良田、良法、良态的'四良'配套，其中良种是核心，良法是手段，良田是基础，良态是好的气候和生态。"节水灌溉属于"良法"，以水调气、以水调肥、以水调温，能有效改善土壤性能，促进"良田"的形成，还能调节田间小气候、促进"良态"形成，节水灌溉具有很大的增产潜力，所以水稻节水灌溉是可靠的节水、增产技术。

2023 年 3 月，中国农业科学院发布的《2023 年中国农业农村低碳发展报告》指出：降低农业碳排放强度。实施稻田甲烷减排丰产技术创新，强化稻田水分管理，推广稻田节水灌溉技术……

水稻节水灌溉又是重要的降碳减排措施！

2. 水稻传统灌溉的弊病

几千年来，水稻都是在淹水的田中生长，人们一直认为水稻必须种在有水层的田里。近 60 年来从事水稻研究的科学家认为，这是世代相传的错觉，是历史的误会。科学家的试验表明，在水稻全生育期中，土壤中只要保持 80% 的饱和水量，对水稻的生长没有任何妨碍，只有当土壤含水量降至饱和水量的 60% 以下才会减产。生产实践证明，长期淹水灌溉有以下几方面弊病。

（1）大量田间水渗漏和溢出，肥料和农药随水流失，成为水体的主要污染源。

（2）土壤氧气浓度低，处于还原状态，低价铁、锰和硫化氢、甲烷等有害物质大量产生和积累，导致水稻根系腐烂、早衰；根系活力变差，抗倒伏、抗病害能力变弱，成为水稻减产的重要原因。

（3）由于水层覆盖，土壤昼夜温差小，不利于物质积累。

3. 水稻节水灌溉技术的发展

20 世纪 60 年代，我国农业专家在总结群众丰产经验的基础上，提出了水稻"浅灌勤灌、适时晒田"的灌溉技术。

20 世纪 70 年代提出了"浅、晒、湿"灌溉技术。

20 世纪 80 年代水利、农业科技工作者，在科学试验的基础上，根据各地自然气候、土壤特性，因地制宜形成了各具特色的水稻节水灌溉技术，具有代表性的有水稻控制灌溉（河海大学），水稻浅、湿、晒灌溉（广西），水稻薄露灌溉（浙江），水稻浅湿调控灌溉（辽宁）等，这些技术虽名称不同，节水程度不一，但其本质是相同的，即通过经常性的搁田，及时为表层土壤补充氧气，促进水稻生长，实现既节水又增产。

4. 水稻节水灌溉需要基本的灌溉设施

一是防渗渠道或低压管道，漏水的"菜篮子式"渠道或普通泥埂渠道很难实施节水灌溉。

二是放水阀门，既要"放得进"，又要"关得住"。小面积农户宜用普通球阀或蝶阀手工操作，规模化大户应用新颖电动阀门，实现远程自动控制（图6-1-1），这样能节省劳力成本。

以上两项并不是节水灌溉"额外"的设施，而是种水稻和其他农作物都需要的。

图 6-1-1　4G 物联出水阀

（宁波富金·2022）

第二节　水稻控制灌溉

水稻控制灌溉是河海大学和山东济宁市水利局经过 10 年试验研究取得的科研成果，1991 年被国家科委、农业部、水利部列入"农业节水大面积推广项目"。

1. 技术原理和特点

水稻控制灌溉是指秧苗移栽后，返青期间田面保持 5 ～ 25 mm 薄水层，返青后各生育阶段田面不建立水层，而以根系土壤含水量作为控制指标，确定灌水时间和灌水定额。土壤水分上限为饱和含水量，下限则视不同生育阶段，分别控制在土壤饱和含水量的 60% ～ 80%。

水稻各生育阶段对水分的需求不同，控制灌溉技术是按照水稻在不同生育阶段对水分的敏感程度，在发挥水稻自身调节机能的基础上，适时、适量灌溉的新技术，通过合理灌水，改善根系土壤水、气、热、养分状况，可以消除和减少土壤中的有毒、有害物质，具有良好的保肥改土作用，促进水稻生长，从而获得高产；控制灌溉技术可减少水稻棵间蒸发量、田间渗漏量，同时有效减少水稻蒸腾耗水。因此，水稻控制灌溉具有节水、高产、保肥、抗倒伏和抗病虫害等优点。

2. 技术实施要点

（1）薄水促返青

水稻返青期 6 ～ 8 天内，上限水深 25 ～ 30 mm，薄水层不过寸，不淹苗心，也不晒泥，下限控制在饱和含水量或微露田（饱和含水量的 90%）。

（2）分蘖期

分蘖期大致 30 天，由轻到重，分为 3 个时期，前期轻控、促苗发，中期中控、促壮蘖，后期重控、促转换，上限控制在土壤饱和含水量（汪泥塌水），下限为饱和含水量的 50% ～ 60%。

（3）穗分化减数分裂期

穗分化减数分裂期是需水临界期，稻株生长量迅速增大，根的生长是一生中最大的时期，群体叶面指数将达到最高峰值，水稻的生长也转移到穗部，对水肥最敏感，所以这个时期土壤水分控制在 70% ～ 100%，灌一次，露几天，逢雨不灌、大雨排干、调气促根保叶。

（4）抽穗开花期

水稻抽穗开花期光合作用强，新陈代谢旺盛，是一生中需水较多的时期，这阶段灌水汪泥塌水（即饱和），露一次田 3 ～ 5 天，土壤水分控制在下限饱和含水量的 70% ～ 80%，照此方法灌水 10 ～ 15 天。

（5）灌浆期

此阶段灌"跑马水"、窜地皮、田面干、土壤湿，3 ～ 4 天灌一次水。有利于通气、养根、保三叶，促灌浆，提高粒重和产量，使水稻后期具有"根好叶尖谷粒重、秆青籽实产量高"的长相。

3. 黑龙江省推广应用情况

2004 年，黑龙江水利厅引进河海大学彭世彰教授团队的水稻控制灌溉技术，探索在高寒地区应用水稻节水灌溉技术的可行性，到 2010 年累计应用面积达到 190 万亩，涉及 21 个县和农场。北大荒集团浓江农场从 2 万亩起步，如今控制灌溉面积 55 万亩，2020 年经受"美沙克"等三场台风的考验，水稻没有出现大面积倒伏。推广专家介绍，由于灌水少、水稻根毛发达，根系下扎，抗倒伏能力十分强大。虎林市幸福村 3 万多亩水稻使用控制灌溉技术，灌水次数减少一半以上，每亩节水 100 m³ 以上，节水率 30%，节省柴油费 20 多元，还增产 5% ～ 10%。

在控制灌溉推广的十多年间，黑龙江省水利厅、东北农业大学、黑龙江省水利科学研究院、农垦系统科技推广中心等部门专家、技术人员的足迹，遍布全省 60 个县（市）、44 个农场。黑龙江省共有水田面积 5 700 万亩，2018 年黑龙江省委省政府会议将"节水控灌"确定为地下水压采、农业节水的"三水共治"重要措施之一（图 6-2-1）。截至 2020 年控制灌溉面积达到 3 000 多万亩，其中三江平原 1 960 万亩。

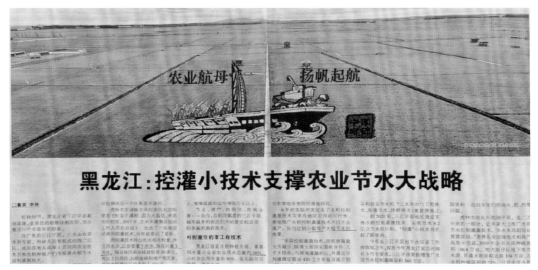

图 6-2-1　黑龙江水稻控制灌溉（引自《中国水利报》，2020）

2021 年，八五四农场控制灌溉面积达到 35 万亩，水稻抗病能力显著提高，其中稻瘟病病情指数从 6.8 降到 2.9，同时抗倒伏能力大大提高。灌溉水量由每亩 450 m³ 降到 320 m³，每亩节水约 130 m³，平均节水 30%，同时亩平均增产 5%，每亩节本增收 84 元。

第三节　水稻薄露灌溉

水稻薄露灌溉是形象化的名称，薄——指灌溉水层尽量薄，一般在 20 mm 左右，"水盖田"即可，露——指经常露田，不再长期淹水。简言之薄露灌溉就是"灌薄水"和"常露田"互相交替。

1. 技术原理

（1）水稻淹水灌溉的弊病。传统的水稻栽培是长期淹水，从插秧到黄熟，田间都灌满水，已有几千年的历史，至今世界上绝大多数水稻都采用淹水灌溉，水稻自然而然被认为是水生作物。从 20 世纪 60 年代以来，随着栽培技术的进步，人们从实践中认识到，长期淹灌使水稻发病多，且容易倒伏，因此没能达到应有的高产。浙江省绍兴市有位劳动模范就总结出水稻长期淹水灌溉的弊病，形象生动，入木三分：

水稻水稻，以水养稻；

灌水到老，病虫到脑；

烂田割稻，谷多米少。

（2）水稻是"半水生性"作物。农民发现靠近河边的稻田漏水多，干得快，田面经常没有水层，但稻长得好，稻秆硬，毛病少，谷粒饱满产量高，用农民生动的语言是：

一天灌两界，晚上搁过夜；

毛病是其少，产量是它高。

会动脑筋的农民和农技人员认识到，水稻根系有"呼吸作用"，就是吸入氧气，呼出二氧化碳等有害气体，所以稻田不仅要灌水，还要搁田"透气"，让土壤交换气体。如田面长期淹水，土壤氧气不足，有害气体排不出，就会出现烂根，根系中充满活力的白根就会变成黄根（病根），甚至黑根（死根）。俗话说"根深叶茂"，根烂则株萎，影响水稻产量。由此得出经验：

水稻需水又怕水，灌水太多反有害；

三搁两晒稻秆硬，干干湿湿产量高。

所以大家逐渐认定：水稻是半水生作物！

（3）"水面种稻"的启示。20世纪80年代，位于浙江杭州的中国水稻研究所专家开展了水面种稻的试验研究，获得了亩产400多kg的高产，这证明水面种稻是完全可行的，只是考虑到经济性尚未能推广，而作为"储备技术"，给我们两点启示：一是水稻茎秆"一辈子"不淹水也能生长，可见水稻不一定要"淹水"灌溉。二是稻根系"一辈子"淹在水中也能高产，因为湖泊或河道水深达数米，容积大，溶氧量大，根系不存在缺氧问题，原来水多并"无罪"，而水中缺氧才是"要害"。

（4）薄露灌溉增产的机理。一是土壤通气增氧，改善根系生长环境；二是分蘖早，分蘖快，成穗率高；三是吸收养分多，为大穗创造条件；四是养根保叶、提高粒重。

（5）薄露灌溉节水机理。一是减少水面蒸发水量；二是减少叶面蒸腾水量；三是降低田间渗漏水量；四是提高田间雨水利用率。

2. 技术实施要点

（1）每次灌水20 mm左右，水盖田面即可。

（2）每次灌水后都应自然落干露田，露田的程度根据水稻各个生育阶段的需水特性而定。

（3）淹水时间超过5天，则排水落干。

为方便农民记忆，用以下简单语句表述：

> 每次灌水尽量薄，半寸左右瓜皮水，
> 灌水以后须露田，后水不可见前水；
> 灌溉水层同样薄，露田程度有轻重。
> 返青期间轻露田，将要断水就灌水；
> 分蘖末期要重露，鸡爪缝开才灌水；
> 孕穗至花开，对水最敏感，
> 怕干不怕薄，活水不断水；
> 结实成熟期，露田要加重，
> 间隔跑马水，裂缝可插烟。

3. 浙江省薄露灌溉推广情况

1994年浙江省政府在余姚召开现场会，部署在全省推广。到1995年底，余姚市推广面积64.8万亩，占当年水稻面积的92%，基本普及；到1997年全省推广面积达到500万亩，至2013年累计推广6 178万亩，共节水38.3亿 m^3，节电2.72亿千瓦时，增产粮食8.03亿kg，经济效益6.83亿元。薄露灌溉改变了农民的传统观念，从"水稻水稻、靠水养牢"转变为"水稻不用水中泡，干干湿湿产量高"，这是历史性的进步（图6-3-1）。但由于节水是社会效益，对普通农户而言，增产的经济效益较低（增产100斤稻谷，还不如做一天小工），这项技术还没有引起农民的重视，所以在实际操作中尚未严格到位，只有到规模化经营时，增产的效益也规模化了，才会引起新型农业经营主体的重视。

图6-3-1 茆智院士陪同国际水稻研究所学者考察余姚水稻薄露灌溉（1998年）

4. 水稻无水层灌溉示范

水稻无水层灌溉，本质上就是严格的薄露灌溉，即在返青后田面不再保留水层，而是充分利用降雨、地下水和少量几次沟灌补充水量，使土壤保持

70% ～ 100% 的田间持水量（图 6-3-2、图 6-3-3）。田面无水层而土壤有水分，能满足水稻的生长需要，武汉大学教授茆智院士认为："水稻需水并不是田面一定要有水层，田面无水层并不是土壤无水分"，这非常辩证地阐明了水层与水分的关系。采用这一方法在多雨的南方地区仅需灌水 2 ～ 6 次，能节约灌溉水量 1/2 ～ 2/3，并且能使水稻产量提高。

图 6-3-2　余姚无水层灌溉·地膜种稻
（1997 年）

图 6-3-3　余姚水稻微喷灌（2014 年）

从 1998 年至 2018 年，作者在余姚市开展了长达 20 年的对比试验示范，试验结果：无水层灌溉与常规灌溉相比，灌水次数，前者 3.7 次、后者 11.5 次，减少 2/3；节水 173.5 m³/亩，节水率 72.3%；增产 74 kg/亩，增产率 17.3%。需要说明两点：第一，这个试验所在镇地势低洼，地下水位高，有地下水可以利用，所以灌溉水量很低，仅 66.5 m³/亩；第二，由于地下水位高，这里属于低产（426 kg/亩）地区，所以增产幅度特别大，这恰恰证明了水稻节水灌溉是科学灌溉，有很大的增产潜力。

第四节　水稻膜下滴灌

水稻膜下滴灌技术是通过滴灌、机械直播、覆膜等技术与水稻种植技术相结合，彻底改变了"水田水作"的方式。与传统水稻种植相比，节水 60% 以上，肥料利用率提高 10% 以上。

2009 年 6 月，时任国家副主席习近平在考察膜下滴灌水稻时指出，袁隆平提供的是品种，你们提供的是一种全新的栽培方法。2014 年 8 月，袁隆平到新疆调研膜下滴灌水稻时认为，膜下滴灌水稻将节约用水和国家粮食安全有机结合，是一项利国利民的好成果。

1. 膜下滴灌技术

新疆是严重缺水地区，1998年膜下滴灌技术在棉花栽培上成功应用并广泛推广，然后在加工番茄、蔬菜、玉米、小麦、大豆和果树等多种作物上应用成功，显著提高了作物产量，增加了农民收益。2003—2008年全国累计推广膜下滴灌3 675万亩。目前，我国玉米、小麦、棉花和大豆的全国最高产纪录均出自膜下滴灌技术，充分证明了这项技术在提高作物单产方面的潜力。

2. 膜下滴灌水稻研究进展

2002年时任国务院副总理李岚清在新疆天业集团视察时提出"能否种植滴灌水稻"这一大胆的提法，引起了新疆天业（集团）领导的重视。随后，天业农业研究所开展了世界首创的水稻膜下滴灌技术研究。

2004年，试验分滴灌水稻和膜下滴灌水稻两种模式，结果表明：两种滴灌水稻都能正常出苗。但是不覆膜水稻由于苗期低温、蒸发量大、草害严重等多种因素导致植株停止生长。而膜下滴灌由于保温，地温提升；保水，蒸发量小；闷热，抑制杂草生长，可使水稻正常生长。

2005—2008年，进行小面积试验和品种筛选。累计从400多个品种中筛选出多个适合膜下滴灌栽培模式的水稻品种，同时对膜下滴灌的需水、需肥规律、种植模式，适宜密度和病虫害防治进行探索，主要内容为：

研发了水稻除芒机，膜下滴灌播种机，使播种、铺膜、铺滴灌带一次性完成，提高了机械化程度，降低了生产成本。

确定种植模式和密度，一膜二管八行，种植密度3万穴/亩。

需水规律，滴水次数、时间、滴水量700～750 m³/亩，比常规灌溉节约60%。

根据需肥规律基肥外多次滴水施肥，病虫草害防治任务减轻，无效分蘖的控制良好。

并根据以上成果制订了地方技术规程。

2009年开始大面积示范（图6-4-1），并连续4年平均产量提升100 kg/亩。

图6-4-1 新疆水稻膜下滴灌（引自百度）

2011 年获得国家发明专利。

2012 年建设 600 亩膜下滴灌水稻示范基地，其中试验田亩平均产量为 836.9 kg/ 亩。经过 9 年攻坚克难，终于探索出节水、高产、高效、优质和生态的膜下滴灌水稻现代化栽培技术。

3. 膜下滴灌水稻的适应性

膜下滴灌水稻具有广阔的区域适应性，只要具备以下基本要求。

土壤　土层深厚，地势平坦，土质肥沃，无盐碱，保水、保肥能力强的土壤，提高土地质量是确保全苗的重要条件。土壤肥力要高，有机质 ≥ 1.5%，pH值 ≤ 7.5，土层厚度 > 50 cm。物理性能好，透气性强，能使滴灌的水肥均匀地纵向、横向渗润 20 ～ 30 cm。对于地下水位高、排水条件差、盐碱大的农田，必须经过改良后才能实施滴灌水稻栽培。搞好农田基本建设、培肥地力等基本措施，是种好滴灌水稻的基础。

水源　膜下滴灌水稻对水分的需求高于其他旱作作物，总的来说以保证高频灌溉为前提，且全程需要高压运行，以保证滴水均匀。另外，在气候寒冷地区，须保证苗期水温 ≥ 18℃，应采用"晒水"达到此需求。

基础设施完备　指能够满足滴灌系统正常运行的条件，主要包括电力、管网、沉淀池和田间道路等基础设施。

4. 膜下滴灌水稻的推广前景

（1）水稻膜下滴灌的可行性　水稻起源于东南亚干湿交替的沼泽地带，属半水生植物，对水生和旱生环境具有双重适应性，同样的水稻品种在旱地里种植，与在水田里种植比较，其植株根较粗，白根根毛密集，根系在土壤中分布较深，这种"水、旱"双重适应性为膜下滴灌提供了生态基础。

除新疆以外，水稻膜下滴灌已推广至江苏、黑龙江、内蒙古、辽宁、河北、北京、上海等省份，在规模 200 ～ 300 亩的示范田上，产量达到 500 ～ 580 kg/亩，这些实践也证明膜下滴灌水稻的可行性。据到 2014 年统计，新疆累计种植面积 1 万多亩，其他省份累计超过 2 万亩。

（2）水稻膜下滴灌的重要意义　常规灌溉水稻每生产 1 kg 稻谷，需灌溉用水 2 m³，而水稻膜下滴灌生产 1 kg 稻谷用水仅 0.7 m³，平均可节水 200 m³/ 亩以上，发展膜下滴灌水稻对国家水安全有重大意义。

采用水稻膜下滴灌的水稻具有耐旱、适应性广的特点，可以将因缺水无法常规种植的稻田以及旱地改造成为膜下滴灌水稻田，以不到常规种稻 1/3 的水资源，扩大稻田面积，为我国粮食安全打下坚实的基础。

（3）水稻膜下滴灌的环保意义　常规水稻种植，有相当部分化肥、农药随水流入河流，造成水体污染；常规水田释放大量甲烷气体，是导致全球气候变暖的重要因素之一。膜下滴灌、旱作水稻减少灌溉水的流失，也就减少了肥料、农药的流失，减少了对地下水、江河、湖泊的污染，减少甲烷气体的排放。

综上所述，膜下滴灌水稻具有极为广阔的推广应用前景。

第五节　水稻旱种

本节介绍"水稻旱种"的最新案例。水稻旱种并不是完全不灌水，而仅是不需要水田，但还需要灌水。旱地作物也需要灌溉，小麦、玉米、薯类等作物，灌上 2～3 次"关键水"，产量就是"靠天田"的 2～3 倍，甚至更多，更何妨是水稻，所以水稻旱种，水稻上山，更需要配套管道灌溉、喷灌、滴灌、微喷灌等高效节水灌溉设施。

1. 朱有勇院士"水稻上山"

云南农业大学名誉校长、中国工程院院士朱有勇在二十大代表通道上介绍了他的"水稻上山、水稻旱种"新技术及推广成果（图 6-5-1）。作者将视频中的发言记录于此：

"我住的蒿枝坝村脱贫摘帽后，农民口粮从粗粮换成了大米，但我们村没有水田，只有旱地，稻米不能自给。针对这个问题我们成功研发了水稻旱地种植新技术，实现了水稻上山、旱地种植，解决了山区口粮生产的难题。

水稻上山有两个创新点。第一个创新点是水稻旱地分蘖。自古以来水稻种在水田，从一根秧苗到一丛稻株叫分蘖。我们利用杂交优势引进了一系列新品种，这些新品种在旱地条件下与水田一样分蘖旺盛，解决了这个难点。第二个创新点是旱地除草。旱地杂草比水田多得

图 6-5-1　朱有勇在二十大代表
通道发言（2022 年）

多，我们根据杂草发育规律，创建了杂草萌芽期的封草技术，解决了这个难点。

水稻上山得到了广大农民群众的欢迎，今年云南推广了 50 万亩，我们村推广了 405 亩，最高亩产量 788 kg，最低 634 kg，总产 28 万 kg，我们村 277 人，人均超过了 1000 kg，饭碗牢牢端在了我们自己的手中。

水稻上山是我们学习总书记'解决吃饭问题，根本出路在科技'的具体实践，我们将牢记总书记的嘱托，把论文写在祖国大地上，为乡村振兴做出更多的科技创新。"

2. 罗利军研究员"节水抗旱稻"

上海农业生物基因中心首席科学家、"节水抗旱稻之父"罗利军研究员及团队研发的节水抗旱稻在节水 50% 的情况下，亩产达到了 700 ~ 750 kg，极大地激发了我国超级稻的节水高产潜力（图 6-5-2）。目前节水抗旱稻在多个省份的种植面积已超过 300 万亩，并已推广到"一带一路"国家。

2020 年，罗利军研究员的这项成果获得国家科学技术进步奖一等奖。

2022 年 8 月，罗利军团队在植物学国际权威期刊 *Molecular Plant*（《分子植物》）上发表文章，提出"水稻蓝色革命"，即通过创新培育节水抗旱稻，实现旱种、旱管的稻作生产模式，使水稻生产摆脱对水的过分依赖，大幅度减少水稻田温室气体排放，促进水稻生产向资源节约、环境友好的可持续生产丰收转型。这是中国农业向世界发出的强烈信号：中国不但可以端牢自己的饭碗，还能为人类粮食安全贡献更大的力量。

图 6-5-2 罗利军展示"抗旱稻"
（2021 年）

本章小结

水稻节水灌溉，节水幅度在 30% ~ 40%，但节水量与地理位置、气候关系很大，如南方年降水量多在 1 000 mm 以上，蒸发量在 900 mm 以内，传统灌溉水量一般为 250 ~ 400 m³/ 亩，节水量在 100 m³/ 亩左右；北方年降水量低至 500 mm 以下，不足南方的 1/3，而蒸发量大于 2 500 mm，相差 3 倍，传统灌溉水量 500 ～ 1 500 m³/ 亩，一般节水灌溉节水量可达 200 ～ 300 m³/ 亩，采用膜下滴灌则更高。

节水灌溉的增产幅度则与稻田栽培基础有关，如原来是地下水位高的低产田，采用节水灌溉后可增产 10% ～ 17%，每亩增产 30 ～ 70 kg；而如本来就是高产田，则增产幅度仅为 1% ～ 3%，每亩增产 5 ～ 20 kg，但只要不减产就是好技术！节水带来的社会效益与生态效益是巨大的。

水稻节水灌溉，是非工程措施（滴灌水稻例外），不增加生产成本，仅改变思想观念，改变灌水方法，在节水的同时还能增产。水稻旱种是把水稻从"水田"中解放了出来，当然仍需要补充灌水，特别需要管灌、喷滴灌等设施。在节水 50% 的同时，还能获得更高的产量。

这样的好技术、好方法，谨请新时代的领导干部和高素质农民引起足够的重视！

附录一
节水灌溉企业简介

　　本附录把灌溉企业按主营产品分为二十类，每一类列出数家代表性企业，我国灌溉企业数以千计，限于笔者资料局限性，挂一漏万，仅供参考。

企业分类	企业名称
一、灌溉集团	上海华维集团　大禹节水集团
二、塑料管材	河北水润佳禾　河北宝塑管业
三、管道配件	浙江东生　宁波铂莱斯特
四、水泵	新界泵业　河南神农泵业
五、摇臂式喷头	余姚阳光雨人　宁波曼斯特灌溉　余姚润绿灌溉　纳安丹吉（中国）
六、微喷头/带	余姚乐苗　余姚德成　河北水润佳禾　无锡凯欧特
七、滴灌管/带	厦门华最　大禹节水集团　耐特菲姆（广州）
八、园林灌溉	余姚易美　宁波凌兴　托罗（中国）　雨鸟（上海）　北京汇聚（亨特）
九、过滤设备	宁波格莱克林　福建阿尔赛斯　安徽菲利特　宜兴新展（阿速德）
十、控制器	宁波富金　北京丰亿林　上海垄欣
十一、施肥机	重庆星联云科　山东绿之源　宁波富金
十二、控制柜	嘉兴奥拓迈讯　重庆星联云科
十三、阀门、闸门	宁波铂莱斯特　廊坊禹神　大城昇禹　山东欧标
十四、电磁阀	宁波耀峰　余姚赞臣　上海华维集团
十五、流量计	余姚银环　宁波耀峰　山东力创
十六、张力计、软管	北京奥特思达　爱迪斯　佛山粤龙　潍坊前卫
十七、水罐、造雾	广西芸耕　福建大丰收
十八、移动喷灌机	安徽艾瑞德　江苏华源
十九、植物工厂	宁波蔚蓝智谷　河北水润佳禾
二十、设计监理施工	余姚江河设计　宁波亿川　衢州锦逸

一、灌溉集团

◆ 上海华维可控农业科技集团股份有限公司

企业简介：上海华维集团成立于 2001 年，是一家集成套产品（数字农业软硬件、成套首部枢纽、成套田间管网、全品类灌水器）、解决方案（NTT 县域数字农业、ACA 作物工厂、数字化高标准农田、数字水肥一体化）和 ACA 模式等可控农业综合服务于一体的股份制国家高新技术企业。上海华维集团建有院士专家工作站和省部级工程技术研究中心，拥有"华维总部·上海中心""华维农装智谷"（湖南永州）和"华维农装智谷"（内蒙古包头）三大智造基地，是具备自主研发体系、高品质成套产品体系和综合服务体系的中国智慧农业装备自主品牌企业。

集团愿景："世界领先的智慧灌溉高端品牌"。

上海华维集团总部大楼

主要产品：云灌溉首部、云智慧施肥机、叠片过滤系统、砂石过滤系统、玄武系列、水力控制阀、压力补偿滴头、旋转微喷头、系列果树专用灌水器、压力补偿滴灌带。

电话：021-50187018　　总部地址：上海市南亭公路 5859 号

◆ 大禹节水集团股份有限公司

企业简介：大禹节水集团创建于 1999 年，发源于飞天之都酒泉，现建有天津、甘肃、新疆、内蒙古、云南等 10 个生产基地。业务范围为农业节水、农村供水、污水处理等"三水"工程设计、施工。主营生产滴灌管（带）、喷灌、过滤、施肥等设备，水管及管件等 9 大类 30 多个系列近 1 500 多种产品。

大禹节水集团天津基地鸟瞰图

电话：热线 400-0051515　　　地址：天津市武清区京滨工业园民旺道 10 号

二、塑料管材

◆ 河北水润佳禾农业集团股份有限公司

集团简介：河北水润佳禾创立于 2007 年，2013 年投产保定生产基地，2016 年成立河北水润佳禾农业集团股份有限公司。公司拥有勘察设计中心、生产基地、施工中心等业务板块，并建有现代农业科技示范园，展示智慧农业、水肥一体化、无土栽培、植物营养等高效农业设备和技术。

河北水润佳禾都市农业科技园

主要产品：PVC、PE 管材、管件，过滤器、施肥机、滴灌管（带）等材料设备。

电话：18910559185/18910559187　　　地址：北京海淀区悦秀路 99 号 2 单元 402 室　　生产基地：河北保定市清苑区白团乡开发区

◆ 河北建投宝塑管业有限公司

企业简介：宝塑管业是专业生产新型塑料管材的国家高新企业，被中国轻工业联合会评为中国塑料管材十强企业。目前拥有河北建投宝塑、江苏建投宝塑、新疆建投宝塑三大基地，主要服务于供水输水、农业灌溉、PVC-O 太极蓝管道装备制造。建投宝塑拥有塑料管材、管件研发和生产基地。

河北宝塑管业厂房

主要产品：PVC-O 管、PVC-U 管、PVC-U 井管、PVC-M 管、PE 管。

电话：0312-5918305　　　地址：河北保定市高新区北二环路 5699 号

三、管道配件

◆ 浙江东生环境科技有限公司

企业简介：浙江东生环境科技有限公司，成立于 2006 年，占地 6 万 m²，总员工 500 多人，注塑设备 100 多台，年产塑料管道、管件 1 万多吨。其中 PP 压缩管件结构牢固，外形美观，是国内 PP 管件种类和规格型号最全的公司。

企业愿景："成为管道行业第一品牌"。

浙江东生办公大楼

主要产品：PE 管件、PN16 管件、PN10 管件（口径 20 ～ 110 mm）

电话：0574-62641168 / 服务热线：400-8266988

地址：浙江省余姚市兰江街道直江路 1 号

◆ 宁波市铂莱斯特灌溉设备有限公司

企业简介：宁波铂莱斯特隶属于 JACK 集团，始创于 2000 年。企业总部位于美国佛罗里达州，帕莱斯特品牌已在中国、美国、俄罗斯、意大利等 160 多个国家注册。公司致力于塑料快速接头、塑料球阀、鞍座等灌溉产品的研发、生产、销售及技术服务，销售网络遍布全球 60 多个国家，以及国内各个省区市。全面通过 ISO9001 国际质量管理体系认证、AENOR 全球国际认证、CE 欧盟认证等权威部门检测。

宁波铂莱斯特公司大楼

企业愿景："努力成为全球灌溉行业的领军品牌"。

主要产品：PP 快接管件、PP 球阀、PP 直插式管件、PP 鞍座（口径大至

315 mm）

电话：0574-62779188　　　　地址：浙江省余姚市梨洲街道黄箭山工业园区西三路 4 号

四、水泵

◆ 新界泵业（浙江）有限公司

企业简介：新界泵业总部位于中国水泵之乡浙江温岭，创建于 1984 年。公司拥有 6 大品牌，12 大产品系列，2 000 多种规格，是中国水泵行业的领跑品牌，2014 年获得国家科学技术进步奖二等奖。公司累计主持或参与起草或修订国家标准 / 行业标准 80 项，授权专利 600 余项。公司产品远销 100 多个国家和地区，在国内拥有近千家批发商和 10 000 多家分销商，2017 年"SHIMGE"商标被国家工商行政管理总局认定为"中国驰名商标"。

新界泵业大楼

主要产品：立式多级泵、单机立式、卧式离心泵

电话：0576-86331536　　／传真 0576-86335467

地址：浙江温岭市大溪大洋城工业区

◆ 河南省神农泵业有限公司

企业简介：神农泵业成立于 1995 年，位于河南周口市淮阳高新技术工业区，是一家集研发、生产、销售为一体的现代化泵业机构；主要生产潜水泵、离心泵、柴油机、汽油机水泵机组。公司拥有标准厂房 1.5 万余 m^2，机械加工设备 200 多台套，在职员工 180 余人，2014 年"神农"商标获得河南省著名商标称号。2018 年研发油浸式潜水电泵，可缺相免烧。

主要产品：三相潜水泵、单相潜水泵、双叶轮喷灌泵、U 喷灌泵、P 喷灌泵、电动泵、柴油机水泵、汽油机水泵等系列。

电话：0394-2684416　　　　地址：河南周口市淮阳区工业园二区六号

五、摇臂喷头

◆ 余姚市阳光雨人灌溉设备有限公司

企业简介：余姚阳光雨人创立于 2002 年，现生产 50 多款摇臂式喷头，拥有 60 多项专利，与来自 76 个国家的灌溉品牌建立长期稳定的合作关系。以设计制造塑料喷头、铝合金喷头、全铜喷头、金属喷枪、微喷头、压力补偿滴头、纯流滴头、地埋式喷头等优质产品为特色，产品 95% 以上销往国际市场，为诸多国际知名品牌灌溉公司提供了 CEM、COM 服务。企业愿景　通过达到或超过客户的期望值来实现客户的满意度。

余姚阳光雨人公司大楼

主要产品：金属摇臂喷头、塑料喷头、钢球驱动喷头、塑料摇臂喷头、地埋喷头、全系列微喷头。

电话：0574-6298326　　地址：浙江宁波市余姚丈亭镇鲻山东路 169 号陵江工业区

◆ 宁波市曼斯特灌溉园艺设备有限公司

企业简介：宁波曼斯特灌溉成立于 2011 年，占地 1 万 m²，专业生产喷灌、微喷灌、滴头等设备及配件，产品适合农业、园林、体育场馆灌溉及降温除尘。业务遍布全国各地，拥有上百家营销服务网点，国际业务遍及西班牙、印度、越南、土耳其、沙特、厄瓜多尔、埃及等 40 多个国家和地区。

宁波曼斯特灌溉

主要产品：摇臂式喷头、蝶形喷头、升降式喷头、阀门箱、取水阀、千秋架、迷你阀、阀门管件、微喷头、补偿滴头、可调滴头、滴箭、微灌配件。

电话：0574-62971288　　地址：浙江余姚市陆埠镇钟山西路 108 号

◆ 余姚市润绿灌溉设备有限公司

企业简介：余姚润绿灌溉创建于 2008 年，是专业生产农业、园林灌溉设备、庭院园艺用具的专业性厂家，还服务于体育场、高尔夫球场灌溉和工业降温、除尘。产品采用坚固耐用的工程塑料、锌合金和优质的铜材精制而成。

余姚润绿灌溉公司厂区

主要产品：摇臂喷头、地埋喷头、快速取水阀、千秋架、阀门箱、十字雾化喷头、微喷头、过滤器、微型阀门、进排气阀。

电话：0574-82983938　　地址：浙江省余姚市东郊工业园区

◆ 纳安丹吉（中国）农业科技有限公司

企业简介：纳安丹吉灌溉有限公司由以色列 Naan Dan 和印度 Jain 灌溉公司合并而成，至今已超过 80 年历史。公司现拥有 13 个分公司，8 个国际制造工厂，以及一个跨国销售营销网络，业务遍及 120 多个国家。公司于 2018 年成立纳安丹吉（中国）农业科技有限公司，2019 年在中国生产以色列滴灌产品，其中 5 035 型农业用喷头（3/4 英寸塑料摇臂式喷头）被大量应用。

主要产品：滴灌管、滴头、微喷头，塑料、金属喷头，高架式、仰式、景观喷头。

电话：0771-3215572　　地址：南宁市高新区创新路 23 号 3 号楼 301 室

六、微喷头 / 微喷带

◆ 余姚市余姚镇乐苗灌溉用具厂

企业简介：余姚乐苗从 2000 年开始研发生产节水灌溉设备，是国内较早开发生产节水灌溉设备的企业之一。20 多年来，坚持以客户为中心，立足国内节水灌溉行业的发展和现状，结合多年积累的研发和生产经验，不断致力于适合我国国情的节水

余姚市余姚镇乐苗灌溉用具厂大楼

灌溉设备的开发，始终让产品贴近用户需求，解决用户使用的痛点。

主要产品：各种微喷头、微喷配件、中距喷头（射程 6～15 m），滴头、滴剑、滴灌带阀门、接头系列、过滤器（口径 20～25 mm）、进排气阀、PE 管阀门和接头系列。

电话：0574-62589598/ 62589599；18058522656

地址：浙江省余姚市凤山街道永兴路 11-1 号　网址：www.lemiao.com

◆ 余姚市德成灌溉设备厂

企业简介：余姚市德成灌溉设备厂专业研发、生产、销售一系列灌溉产品。产品主要用于节水灌溉、农业、园林花卉温室大棚、家庭园艺和工业除尘等。产品远销海内外，在业内获得良好的口碑。

余姚市德成灌溉设备厂

主要产品：摇臂式喷头、中距离喷头、微喷头（雾化、花篮式、G 型式），阀门、系列管件、压力补偿滴头、压力补偿涌泉等。

电话：15257427288　　地址：浙江省余姚市梨洲街道姜家渡夏家 36-8 号

◆ 无锡凯欧特节水灌溉科技有限公司

企业简介：无锡凯欧特位于江苏无锡江阴市，创立于 2008 年。主要生产自主研发的尼龙水带、PE 微喷带、双翼微喷带，以及各种配件。

无锡凯欧特施工的工程

主要产品：尼龙输水带、PE 输水带、膜下喷水带、双翼喷水带，其中双翼水带采用尼龙材质，抗老化时间长（5～8 年），喷幅宽（5～12 m），使用中不会翻滚、耐压、耐磨、耐拖拉。

电话：15050680800　　地址：无锡市江阴市青阳镇建义工业园区 4-1 号

七、滴灌管／滴灌带

◆ 厦门华最灌溉设备科技有限公司

企业简介：厦门华最创立于2006年，主要经营农业节水灌溉和园林灌溉产品。公司座落于美丽的厦门市，厂区占地43亩，新规划建筑面积近7万 m²，总投资2亿元。公司已通过ISO质量管理体系认证，2021年评为国家高新技术企业，2022年评为福建省"专精特新"中小企业。公司与国外多家专业灌溉厂家建立了良好的合作关系，产品远销 全球60多个国家。

厦门华最公司大楼

主要产品：压力补偿滴灌管、压力补偿滴头（补偿效果替代国际一线产品），反冲洗过滤器，电磁阀／减压阀，滴灌管配件，空气阀，PE 管等。

电话：0592-7119828　　地址：厦门市集美区后溪新田路69号华最工业园

◆ 耐特菲姆（广州）农业科技有限公司

公司简介　以色列耐特菲姆公司创建于1965年，是世界滴灌技术的开拓者、滴灌产品及微灌整体方案的领导者，通过结合先进的农艺知识与技能，使灌溉技术效益最大化。公司拥有全系列滴灌管（带）阀门、过滤器、接头及附属产品。

由耐特菲姆施工的工程剪影

主要产品：大田滴灌管、果园滴灌管、保护地滴灌管、园林滴灌管、摇臂式喷头、施肥机、控制器、微喷头。

电话：010-6523 7521　　地址：北京市朝阳区曙光西里6号院时间国际大

厦 1 号楼 1202 单元

八、园林灌溉

◆ 余姚易美园艺设备有限公司

公司简介　余姚易美成立于 2005 年，长期致力于自主研发、生产园林灌溉产品，积累了丰富经验，产品主销德、意、法等 20 多个欧美国家，精于质量、设计创新的理念使产品在业界不断受到好评。

余姚易美公司大楼

公司愿景：做每个人都想复制的产品。

主要产品：浇花用水枪，长柄喷枪，软管水车，花园洒水器（平放、地插、三脚架、脉冲式），定时器（机械、电子），软管接头，微喷灌，PVC 软管。

电话：0574-62800035/62800038　　　地址：浙江余姚市凤舞二路 18 号

◆ 凌兴灌溉科技（宁波）有限公司

公司简介　宁波凌兴位于浙江省宁波市，是从事园林灌溉产品研发、生产及销售的综合性企业。智能喷灌控制系统、全系列地埋自动伸缩喷头、各种规格的灌溉电磁阀、农业节水灌溉洒水器等。公司可对园林、运动场、庭院，高尔夫球场、农业灌溉，喷泉、造雾、防尘、降尘、农村供水、土地整理等可进行工程设计、施工及客户服务。

宁波凌兴公司大楼

主要产品：园林散射喷头、园林矩形散射喷头、园林旋转齿轮喷头、园林旋转齿轮喷头、园林绿篱喷头、园林专用电磁阀、大流量电磁阀、庭院控制器、园林控制器。

电话：18858234675　　　地址：浙江宁波市余姚市河姆渡镇罗江工业园区兴创路 11 号

◆ 托罗（中国）灌溉设备有限公司

公司简介 美国托罗公司成立于1914年，在中国开展业务已逾30年，托罗（中国）灌溉设备有限公司为托罗公司在华设立的全资子公司，位于福建厦门市，主要从事园林灌溉及控制设备、农业灌溉设备的研发、生产、销售及服务，致力于灌溉设备研发数十年，积累了丰富的经验。

托罗（中国）公司大楼

主要产品： 地埋散射喷头、地埋旋转喷头、电磁阀、控制器、雨量传感器、流量传感器、中控系统、压力补偿滴灌管。

电话：0592-3017800　　地址：福建厦门翔安区舫山南路1185号

◆ 雨鸟贸易（上海）有限公司

公司简介 美国雨鸟公司自1933年成立之初，就专注于节水型灌溉产品的研发、设计、生产、销售等技术支持，并努力实现"从泵站到喷头"的全套灌溉系统服务的目标，一直创导和致力于"合理利用水资源"，已经取得了130多项专利技术。雨鸟公司"低流量灌溉"设计思想很有新意。

由雨鸟公司施工的工程

主要产品： 地埋式散射喷头、高效喷嘴、地埋式旋转喷头、电磁阀、控制器、中央控制系统、低流量灌溉产品（大流量补偿滴头、地埋滴灌管、树根灌水器）。

电话：021-38256360　　地址：上海市秀浦路3999弄25幢

◆ 亨特实业公司

公司简介 亨特实业公司是全球领先的园林景观及运动场灌溉设备制造商。公司赢得了全球125个国家开展业务的声望。灌溉产品包括齿轮驱动旋转喷头、地埋散射喷头，微灌系统、控制器、计算机控制系统、传感

亨特实业公司大楼

器等，已拥有 150 多项美国专利，产品应用于住宅小区、体育场馆、城市公园、商业综合区、酒店。

主要产品：喷头体、散射喷嘴、旋转射线喷头、齿轮旋转喷头、大喷头（25～50 mm）、电磁阀、控制器、传感器（雨量、流量、土壤湿度、霜冻、风）、压力补偿滴灌、根灌器。

电话：010-80425540　　地址：北京顺义区后沙峪陆地起航国际 9 号楼 904/905

九、过滤设备

◆ 宁波格莱克林流体设备有限公司

企业简介：宁波格莱克林是一家专业从事流体控制设备和水处理设备等系列环保产品的高新技术企业。宁波格莱克林团队致力于产品研发和技术创新、制造及销售的服务全球专业水处理过滤器客户，为客户提供完整的过滤系统解决方案。力争汲取世界最先进的技术拓展系列产品。

宁波格莱克林公司大楼

主要产品：叠片式过滤器：1 个单元的 G100、G200、G300 系列；2～12 单元的 G2000、G3000、G4000 系列；砂式、离心式、网式过滤器，空气阀。

电话：13681701582　　地址：浙江省宁波市余姚丈亭镇鲻山东路 169 号陵江工业园 1 号楼

◆ 福建阿尔赛斯流体科技有限公司

企业简介：原福州四季丰灌溉设备有限公司，现有标准厂房 28 000 多 m²，有各种品牌注塑机 40 多台。公司与中国农业大学联合开发灌溉用过滤器系统，主要生产各类过滤器、各种电力驱动阀，以及文丘里管、施肥器等产品。产品远销东南亚、南美、欧美，并与多家世界顶级灌溉公司 OEM 合作。

福建阿尔赛斯公司大楼

主要产品：叠片式过滤器、网式过滤器、文丘里施肥器、离心式过滤器、阀门（40～150 mm、13种）、砂石反冲系统（600～1 200 mm）。

电话：0591-83598803　　地址：福建省福州市福清市阳下街道洪宽工业村溪西258号

◆ 安徽菲利特过滤系统股份有限公司

企业简介：安徽菲利特过滤系统股份有限公司成立于2003年，注册资金1 200万元，占地面积62亩，总资产近1亿元。是国内专业生产水过滤系统的龙头企业、介质过滤器国家行业标准的唯一起草单位，是以色列耐特菲姆公司配套供货商，生产自清洗、手动、水力驱动等各类过滤器，其中砂石过滤器颇具特色。公司目标5年内国内农业市场份额达到50%，销售额突破3亿元。

主要产品：砂石过滤器、叠片过滤器、离心过滤器、网式过滤器、水力驱动过滤器、自清洗过滤器、施肥罐、施肥机。

电话：0555-8323133　　地址：安徽省马鞍山经济技术开发区阳湖路500号

◆ 宜兴新展环保科技有限公司

企业简介：西班牙阿速德（AZUD）是水过滤行业的世界一流品牌，在工业、市政及农业领域有丰富的应用，2005年进入中国市场。AZUD（阿速德）中国控股公司——宜兴新展环保科技有限公司，从单一的自清洗过滤器设备商向过滤系统供应商转变，为客户提供更加全面高效的水过滤解决方案。

主要产品：自清洗过滤系统系列、智能自动化控制器、半自动过滤器、手动过滤器

电话：0510-80339600　　地址：江苏宜兴市环科园

十、控制器

◆ 宁波市富金园艺灌溉设备有限公司

企业简介　宁波富金是集研发、设计、制造于一体的创新型企业，自主研发"智能生活""富金云"两大软件系统，研发的3V低功耗电磁阀获得发明专利，荣获全国农业节水科技奖一等奖，产品广泛应用于农业、家庭、园林、道路自动灌溉。企业创始人体会："只有创新才能生存。"

宁波富金公司大楼

主要产品："富金云"4G 物联网出水桩（明渠）、4G 物联网控制器、电磁阀、流量计、电动球阀、升降式喷头、智慧云机系列、二线解码器系列、土壤张力计、比例施肥泵。（智能生活）5G WiFi 双控控制器，2.4G WiFi 双控控制器，智能蓝牙生活系列，电磁阀系列，快插套装系列，地埋射线旋转喷头、散射喷头、摇臂式喷头。

电话：400-0574009/13705840776　　地址：浙江省余姚市经济开发区西区横一路 3 号

◆ 北京丰亿林生态科技有限公司

企业简介：北京丰亿林生态科技有限公司，是宁波亿林节水科技股份有限公司设在北京的窗口，依托母公司国际一流的智能节水灌溉设备研发制造能力，充分发挥北京的科研和人才优势，辐射全国销售。在全球物联网发展背景下，推出云计算灌溉控制系统、生态大数据服务、智慧庭院灌溉等相关产品，同时提供基于客户需求的技术和解决方案。

宁波（控股北京丰亿林）亿林节水科技
股份有限公司大楼

公司目标："让亿家园林更绿、让万家农业更丰"。

主要产品：智能灌溉控制系统，水肥一体控制系统，智能传感器（雨量、土壤、流量、压力、环境），灌溉控制器，EV 系列电磁阀，GA 系列园艺产品。

电话：400-6658030　　地址：北京市大兴区金星路 12 号奥宇科技英巢 2 号楼 0808

◆ 上海垄欣科技有限公司

企业简介：上海垄欣自主研发、生产网络远程终端、网关、控制采集模块，向农业、园林景观、道路绿化及温室环控场景，提供产品配套和技术服务，满足行业发展自动化、数字化、智能化、无人值守等需求。核心产品包括云栈终端、手自一体控制模块、开放式 API 服务器接口软件，融合控制、采集、自动化、管理软件。产品系统功能齐全，可进行灌溉自动化管控、远程遥控、异常情况预判及实时报警。

主要产品：两线制解码控制（24～160 路），多线制网络总线控制、无线

控制（干电、锂电版，常温、低温电池）

电话：13761107165　　地址：上海市松江区九里亭街道九杜路349号立同商务506室

十一、施肥器

◆ 重庆星联云科科技发展有限公司

公司简介：重庆星联云科科技发展有限公司成立于2014年，是全国领先的水肥一体化基础设施和智能终端提供商，致力于把数字世界带入植物、个人和组织，构建万物互联的绿色世界。已为700多家客户提供服务，智能产品覆盖全国30个省份，与20多家高校和科研院所有交流合作，申请专利100多项。

主要产品：高精度EC水肥机、EC单通道水肥机、KC单通道水肥机、KC多通道水肥机、双通道EC施肥机、控制柜、土壤墒情站。

电话：023-63637455　　地址：重庆南岸区中国智谷（重庆）科技园

◆ 山东莱芜绿之源节水灌溉设备有限公司

公司简介　山东绿之源灌溉公司成立于2001年，是集塑料管材、管件、喷灌、滴灌、过滤器、施肥器等节水灌溉设备，以及水肥一体化设备、自动化灌溉设备的综合性、专业性、技术服务性的品牌企业，可生产节水灌溉产品368个种类，年产各类管材、管件7 000多吨。

主要产品：智能水肥机、大比例施肥机、各式过滤器、微喷灌水带（44～140 mm）、变频控制柜、控制系统、滴灌带（管）、迷宫式滴灌带、压力补偿滴头。

电话：0531-75611889/400-8675856　　地址：山东省济南市莱芜区凤凰路南首

十二、控制柜

◆ 嘉兴奥拓迈讯自动化控制技术有限公司

企业简介：嘉兴奥拓迈讯是一家致力于电气自动化控制领域，以自动化成套技术开发、生产、销售、维护为一体的企业。公司以专业的自动化控制技术及配套和设计开发经验为依托，为智慧灌溉——管道灌溉泵站和喷滴灌工程提供可靠的控制设备，产品销往全国各地，在行业内获得广泛认可。

主要产品：管道灌溉泵站控制柜（单、双泵），喷滴灌泵站控制柜（单至四泵），田间自动化温室大棚环境控制，以上均为0.75～560 kW，电磁阀轮灌控制柜（1～254站）。

电话：0573-86128502　　地址：浙江嘉兴市海盐市武原街道盐北路211号西区1幢1-1

十三、阀门 / 闸门

◆ **廊坊禹神节水灌溉技术有限公司**

公司简介：廊坊禹神节水灌溉技术有限公司于 2011 年登记注册，是廊坊的知名企业，生产滴灌带、喷灌快速接头系统、水力控制阀、PVC 球阀、其他灌溉阀门、过滤器等共 14 类产品。

主要产品：水力控制阀（50 ～ 150 mm），贴条式、贴片式滴灌带，PVC 球阀，其他灌溉阀门，喷灌快速接头系统，PVC 水带及配件，金属喷枪（25 ～ 50 mm），文丘里施肥器。

电话：0316-5505767/19932672824　　地址：河北省廊坊市大城县八方工业园

◆ **大城县昇禹农业机械配件有限公司**

企业简介：昇禹公司专业生产节水灌溉球阀，球芯采用独家整球全包硅胶技术，防水、防沙、耐高温、不变形，故具有转动灵活的特点。阀门采用铸铁手柄，避免了球阀塑料柄容易折断这一常见病。阀门按连接型式分为直通、平口、农用三种：直通阀，两端可直插水带；平口阀，两端胶粘 PVC 管；农用阀，是一头插水带，另一端用丝扣。规格有 63、75、90、110 四种，分为黑、白、灰、蓝四种颜色。

电话：13731605288　　地址：河北省廊坊市大城县南赵府镇小店子村

◆ **山东欧标信息科技有限公司**

企业简介：山东欧标信息科技有限公司位于济南市高新区，是一家高新技术企业。专业从事智能计量产品和信息化测控技术的研发、生产与销售服务。智能一体化闸门适用于干、支、斗、农渠的控制，以及水量调度、计量和收费。全系列产品由智能闸门终端、云计算管理平台、管理软件及移动端 APP 组成。可根据预设计算控制闸体开闭，实现自动化灌溉。闸门系统可接入水位、流量、视频等数据，满足灌区信息化的需求。

主要产品：各类明渠闸门（600 ～ 3 000 mm）双吊杆、四吊杆钢索驱动型，螺杆驱动型，液压驱动型，一体农门型，自动化改造型。

电话：400-6418180　　地址：济南市历城区经十路山东成大集团工业园内 33166 号

十四、电磁阀

◆ 宁波耀峰节水科技有限公司

企业简介：宁波耀峰成立于1978年，专业生产电磁头和农业灌溉阀，已远销以色列、美国、西班牙、意大利、巴西等40多个国家。产品通过水利部节水灌溉设备质量中心、美国CIT、伊朗、巴西等权威灌溉机构的测试认可，是国内灌溉阀尺寸和功能最全的厂家之一，其中6英寸电磁阀为国内第一家生产商。近年创新设计在

宁波耀峰厂区鸟瞰

电磁阀功能上增加了防堵阀、开关状态反馈阀、流量控制阀、防冻阀，并开发了"水表＋电磁阀"一体化的水表阀颇具特色。宁波耀峰生产的电磁头在国际上有一定影响，被时任国际灌溉排水委员会主席高占义在国外发现从而追溯至国内，并支持其生产民族品牌的电磁阀，并冠名为"IrriRich"，含义"灌溉致富"。

企业愿景："做国内最全的水阀系列产品生产商"。

主要产品：电磁阀，电动塑料球阀、新型电动球阀，电磁头，塑料水表、智能水表阀。

电话：0574-88473878 / 18957812511　　　**地址**：浙江省宁波市鄞州区云龙镇朝迎桥

◆ 余姚市赞臣自控设备厂

企业简介：余姚市赞臣自控设备厂专业制造灌溉电磁阀18年，产品涵盖 3～250 mm 电磁开关阀、减压阀、持压阀、干电池控制器、电磁头、防水接头及各种阀门配件。在对国外产品消化吸收的基础上，攻克阀门易损材料难点，质量达到国外同类产品水准。产品广泛应用于滴灌、喷灌、温室灌溉及园林景观等领域。同时生产牛场专用微喷头，系国内独树一帜。

余姚市赞臣自控设备厂装配车间

主要产品：电磁阀系列口径、电磁头系列、牛场微喷头。

电话：0574-62683185　　　地址：浙江省余姚市东郊工业园区永兴路 22 号

十五、流量计

◆ 余姚市银环流量仪表有限公司

企业简介：公司成立于 20 世纪 70 年代末，1988 年被评为国家二级企业，1990 年获国家企业质量银质奖，2008 年被认定为高新企业，拥有专业的水、汽、油流量校验装置，综合测试能力全国领先。是 13 种流量计和流量装置国家标准的起草单位之一，生产多种农用流量计。

公司金句："无论过去、现在或将来，银环都是可靠的"。

余姚市银环流量仪表有限公司大楼

主要产品：电磁流量计（法兰式、夹持式、插入式），叶轮流量计，农用智能水表，超声波流量计（外缚式、法兰式、夹持式）、明渠流量计（超声波＋巴歇尔槽），浮子式流量机等，特别是巴歇尔槽未闻有其他生产企业。

电话：0574-62689077/13805804701　　　地址：浙江省余姚市彩虹路 1 号

◆ 山东力创科技股份有限公司

公司简介：山东力创成立于 2001 年 8 月，是国家重点高新企业，定位"计量科学与数字技术"国家战略核心业务领域。公司分别在莱芜、济南、青岛三地建立研发中心，在莱芜、东平、惠民三地建立工业 4.0 制造基地。

山东力创公司大楼

主要产品：其中水计量装备有管道式、渠道式、河道式等系列，铝合金、不锈钢、PVC 等不同材质共 120

款产品。管道式口径涵盖 50 ～ 3 000 mm。明渠测流有时差法、雷达法、液位以及闸门法等，适用于农田灌溉。

客服电话：400-0334456　　总部地址：济南莱芜高新区凤凰路 009 号

十六、张力计 / 软管

◆ **北京奥特思达科技有限公司**

公司简介　北京奥特思达成立于 1999 年，是一家以现代灌溉技术、高新技术为侧重点的技工贸结合型企业，是"中国科学院地理科学与资源研究所农业节水研究中心"的创新联盟企业。公司自主研制了土壤墒情检测仪和先进的喷微灌关键设备，并拥有大田、温室、果园、园林、运动场等喷微灌系统设计和施工经验。

主要产品：张力计（规格 10 ～ 50 mm），适用于花卉、蔬菜、果树等多种作物；喷微灌系统关键设备（控制、过滤、注肥系统）。

电话：010-64950481　　地址：北京朝阳区慧中北里 315 号楼 506 室

◆ **爱迪斯新技术有限责任公司**

公司简介　公司成立于 1994 年。长期致力于信息技术、农业物联网传感器技术研发服务，2018 年起与中国农业大学合作研发土壤墒情传感器，并把合作的科研成果产业化，建立组装调试生产线，开拓农业、水利土壤墒情传感器市场。目前在全国 25 个省份建立了土壤墒情检测站点。

爱迪斯新技术有限责任公司车间

主要产品：一体化土壤墒情物联网传感器

电话：010-82638855　　地址：北京市海淀区双清路 3 号

◆ **佛山市南海粤龙塑料实业有限公司**

公司简介　佛山粤龙专业生产 PVC 园林浇水管，产品特点：柔韧性好；弹性高；防寒性好、冬天不变硬；抗紫外线、太阳暴晒不破裂；耐磨；耐酸碱、耐腐蚀；耐 90℃高温、耐零下 40℃低温；安全环保、无毒无味。适用于农业果园、园林绿化灌溉和水产养殖业。

主要产品：PVC 园林浇水管（1.3 ～ 40 mm）。

电话：0757-85638263　　地址：广东省佛山市南海区里水沙涌上亨田工业

区 10 号

◆ 潍坊昌乐前卫集团

集团简介：潍坊昌乐前卫集团成立于 1996 年，致力于研发更耐用、耐（正/负）压、耐油、耐（高 / 低）温等 PVC 软管，以应用于农业、园林灌溉系统等。年产各类 PVC 软管 6 万多吨，拥有五大系列产品，400 多个品种，2 000余种型号，产品销往全球 70 多个国家和地区。

主要产品：PVC 管种类：钢丝增强软管、纤维增强软带、花园增强软管，优质高压水带双层水带。

电话：13583630911　　地址：山东潍坊昌乐县五图街道辛安街 1105 号

十七、水罐 / 造雾

◆ 广西芸耕科技有限公司

企业简介：广西耘耕科技有限公司成立于 2016 年，与广西大学相关专家联合，成功研发出"水坦克"品牌装配式蓄水池，由高质量的波纹镀锌钢板组成，是一种经济、环保、快速、安全和实用的中大型水罐。亮点为"1 ~ 5 天即可装配好的蓄水池"，获得 27 项专利以及水利部科技推广认证。产品已在全国 27个省份推广应用 3 000 多套。

主要产品：装配式蓄水池，内胆以防老化 PE 薄膜或 PVC 膜防渗，寿命可达 50 年，具有适用性强、安装快速、自动排污、水位显示、可拆可移等优点（容积 20 ~ 524 m³）。

电话：0771-3336966　　地址：广西南宁市东盟经济开发区武华大道 7 号水坦克

◆ 福建大丰收灌溉科技有限公司

公司简介　主要生产微灌、喷灌、过滤、施肥、园林等灌溉系列产品等，尤其造雾加湿产品独具特色；产品应用于节水灌溉、园艺景观、市政绿化、温室大棚以及工矿降温除尘。

主要产品：黑白复合 PE 管、滴灌管、滴箭、微喷头、中射程喷头、一体化泵站、园林用地埋散射喷头、射线喷头、控制器、各式过滤器、造雾加湿，智能施肥机。

电话：0591-83614986　　地址：福州市福清市阳下街道洪宽工业区洪铨路826 号

十八、移动式喷灌机

◆ 安徽艾瑞德农业装备股份有限公司

公司简介 安徽艾瑞德农业装备股份有限公司是集产、研、销于一体，专业从事大型农田自动化灌溉的高新企业，于2015年正式挂牌新三板，产品已销往黑龙江、内蒙古、陕西、广西、河南、河北、吉林、宁夏、甘肃、安徽、江西、山西等省份，以及塔吉克斯坦、古巴、新西兰、澳大利亚、格鲁吉亚、伊朗、埃及等国家。

公司金句："回报在滴水间"。

主要产品：指针式喷灌机、牵引式喷灌机、高跨体喷灌机、平移式喷灌机、移动式滴灌系统、卷盘式喷灌机、旋翼式喷灌机。

电话：0553-8222234　　地址：安徽省芜湖市三山经济开发区临江工业园中区经五路西侧

◆ 江苏华源节水股份有限公司

企业简介：江苏华源创建于2007年，总部坐落在徐州，占地150余亩。主要生产水肥一体化设备、大型喷灌机、JP系列卷盘式喷灌机、CP型移管喷灌机、微喷、滴灌系列、潜水泵系列、PE管材等。公司在黑龙江、新疆、北京设有子公司，在全国拥有110余家渠道商及服务网点。在上海、哈尔滨、沈阳、长春、呼和浩特、兰州、济南设有办事处，产品出口中亚、东南亚、非洲、欧洲、中东等地区。

江苏华源总部大楼

公司愿景："成为世界一流的智慧灌溉综合服务商"。

主要产品：大型卷盘式喷灌机，中、小、微型卷盘机，小型移动喷灌机，水肥一体机。

电话：400-0516595　　地址：江苏省徐州市高新技术产业开发区银山路7号

十九、植物工厂

◆ 宁波市蔚蓝智谷智能装备有限公司

企业简介：宁波市蔚蓝智谷智能装备有限公司是一家现代农业智能装备制造

企业，拥有设施农业"规划、设计、生产、建设、种植、运行、技术指导服务"等全系统核心技术。自2016年公司成立至2022年，在国内建设完成叶菜、果菜等各类植物工厂30余座，蔬菜生产供应基地8座，是国内建设植物工厂的代表性企业。

宁波蔚蓝智谷公司内景

电话：18395864555　　地址：浙江省宁波市余姚市兵马司路1608号

二十、设计 / 施工

◆ 余姚市江河水利建筑设计有限公司

企业简介：余姚市江河水利建筑设计有限公司成立于2002年7月，具有水利水电工程设计、咨询、测量等多项资质。自公司成立以来，除水库、河道、水闸、泵站等设计项目外，完成喷滴灌设计项目100余项，此外，公司运用互联网、物联网前沿科学技术，实现节水灌溉、水闸、泵站、农村供水等设备的自动控制和监测。公司拥有10余项专利技术，如

"余姚江河设计"设计的温室微灌

一杆式山洪灾害预警装置、全自动虹吸管真空器、虹吸管远程放水等，得到了广泛应用。

电话：13505781312　　地址：浙江省宁波市余姚市南雷路东侧荣华中心5幢401

◆ 宁波亿川工程管理有限公司

企业简介：宁波亿川现有水利工程施工监理（甲级）、水利工程运维（甲

级），水土保持施工监理、市政公用工程监理、房屋建筑工程监理等资质，获得水利水电物业管理服务能力（水库山塘、海塘、河道堤防、水闸、泵站、圩区、水文测站）7 个甲级评价，为"中国水利工程协会"双 A 级会员，取得几十项实用新型专利和计算机软件著作权。

由宁波亿川监理的大型泵站工地

公司现有水工建筑、水土保持、工程测量、金结设备制造及安装、机电设备制造及安装、环境保护、地质勘察、工程造价等注册工程师 60 余人；泵站运行工、闸门运行工、水工监测工、河道修防工、维修电工、高配电工等中高级技工 50 余人；工程类教授级高工 3 人，高工 15 人。

电话：0574-62854900　　地址：余姚市万达商务写字楼 11 楼

◆ 衢州锦逸生态环境科技有限公司

企业简介：衢州锦逸是一家智能云灌溉集成系统设计开发生产专业性公司，子公司江山市军润灌溉技术有限公司从 2015 年起从事灌溉行业。云灌溉系统设计开发物联网水肥一体化系统、智能园林绿化灌溉工程设计施工、音乐喷泉景观造雾工程设计施工、工厂降温除尘及养殖场降温消

衢州锦逸施工的喷雾工程

毒、园林绿化工程施工养护、水处理系统等设计及技术服务等业务，为所有需要自动灌溉解决方案的客户提供可信赖的产品和服务。

电话：0570-4758818　　地址：浙江省江山市虎山街道通达路 203 号 2 号楼 203-204 室

小　结

在与灌溉企业交流中，笔者发现优秀的企业可分为两大类。

稳定精品型企业。这类企业大都有 20 ～ 40 年历史，专心做喷头、微喷头、

园林灌水设备等"传统"产品，创始人往往是"模具师傅"出身，"技术出在自己手里"，是他们当年创业的底气，也是他们追求产品质量的资本。数十年来他们潜心于产品质量，宁可订单量少一些，也不参与劣质、低价的竞争。经历时间的积淀，他们已铸就了客户有信得过的名牌产品，于是有稳定国内外客户群，年销售额 3 000 万～5 000 万元，且稳步上升。这类企业一般已有"创二代"接班，后继有人，属于稳定型企业，从他们的身上似乎联想到当年瑞士人制造誉满全球的手表。

开拓创新型企业。这类企业历史并不长，创始人为新一代大学生及研究生，视野开阔、起点高，组织设计团队、创业团队，瞄准国际、国内大市场开发管道附件、过滤器、控制器、施肥器、传感器等智慧灌溉产品，从他们身上感受到敢于挑战、敢于创新、敢于冒险的新时代企业家的素质。

这些企业家的创业精神、可贵品质都感动了我。

社会对产品的要求就是企业的努力方向，选择灌溉产品，应该关注以下这几个方面。

一是了解企业情况。包括技术力量、模具车间、生产设备以及生产该产品的历史，看是否具备生产可靠产品的条件。

二是了解企业主。"人品决定产品"，了解企业主是否是诚实的人，有否把产品质量作为企业的生存之本的意识，是否有把企业当作事业经营的情怀。

三是了解企业检测设备。是否建有质量测试室，并把质量检测列入生产流程，产品说明书中的数据是自己测出的，而不是抄袭其他企业产品样本，这是企业真正把握质量的关键。例如，以塑料为原料的工厂，必须配有"氧化诱导仪"，可以对塑料原料的优、劣作常规鉴别，做到心中有底，从材料源头开始把控产品的质量。

附录二
国家标准　GB/T 30600—2022
《高标准农田建设通则》摘录

（2022–10–01 实施）

……

3.1　高标准农田

田块平整、集中连片、设施完善、节水高效、农田配套、宜机作业、土壤肥沃、生态友好、抗灾能力强、与现代农业生产和经营方式相适应的旱涝保收、稳产高产的耕地。

……

6.3　灌溉与排水工程

……

6.3.7　渠系建筑物

——渠灌区在渠道的引水、分水、退水处应根据需要设置量水堰、量水槽等量水设施，井灌区应根据需要设置管道式量水仪表。

6.3.8　应推广节水灌溉技术，提高水资源利用率，因地制宜采取渠道防渗、管道输水灌溉、喷微灌等节水灌溉措施，灌溉水利用系数应符合 GB/T 50363 的规定。

……

6.3.11　排水工程设计应符合下列规定：

——治渍排水工程，应根据农作物全生育期排渍要求确定最大排渍深度，可视农作物根深不同而选用 0.8 ～ 1.3 m。农田排渍标准，旱作区在作物对渍害敏感期间可采用 3 ～ 4 d 内将地下水埋深降至田面以下 0.4 ～ 0.6 m；稻作区在晒田期 3 ～ 5 d 内降至田面以下 0.4 ～ 0.6 m。

……

附录三
农业农村部下达 2023 年
农田建设任务

（农建发〔2022〕7 号）

单位：万亩

地　区	新建 高标准农田	改造升级 高标准农田	统筹发展 高效节水灌溉	高标准农田 合计
全　国	4 500	3 500	1 000	8 000
北　京	2	2	3	4
天　津	10	10	2	20
河　北	170	152	85	322
山　西	100	85	40	185
内蒙古	245	150	95	395
辽　宁	160	129.7	17	289.7
吉　林	260	118	25	378
黑龙江	410	340	20	750
上　海	2	1	0.5	3
江　苏	120	207	16	327
浙　江	2.5	7.5	1	10
安　徽	200	210	21	410
福　建	26	63	5	89

续表

地 区	新建 高标准农田	改造升级 高标准农田	统筹发展 高效节水灌溉	高标准农田 合计
江 西	150	110	15	260
山 东	180	242.3	74.5	422.3
河 南	255	280	150	535
湖 北	200	150	19	350
湖 南	175	170	14	345
广 东	24.7	74.6	4.7	99.3
广 西	110	100	8	210
海 南	5	15	0.5	20
重 庆	50	120	10	170
四 川	230	195	40	425
贵 州	110	67	25	177
云 南	266	110	55	376
西 藏	21	39		60
陕 西	190	40	64	230
甘 肃	265	94	80	359
青 海	15	4	1	19
宁 夏	60	33.7	15	93.7
新 疆	340	95	77	435

鸣　谢

承蒙余姚市水利学会和多家灌溉企业的盛情赞助，使本书得以顺利问世，在此，特向余姚市水利学会和热心的企业家表示衷心的感激！他们是：

余姚市水利学会陈吉江理事长

宁波市富金园艺灌溉设备有限公司李惠钧董事长

余姚市余姚镇乐苗灌溉用具厂江经纬董事长

余姚易美园艺设备有限公司邹调娟董事长

余姚市新拓灌溉设备有限公司张建平董事长

宁波耀峰节水科技有限公司张峰董事长

余姚市赞臣自控设备厂诸晓丰董事长

宁波市铂莱斯特灌溉设备有限公司陈颖斐董事长

北京丰亿林生态科技有限公司林江董事长

浙江东生环境科技有限公司杨小云董事长

余姚市江河水利建筑设计有限公司陈起红院长

宁波铜钱桥食品菜业有限公司陈亦贺董事长

宁波市曼斯特灌溉园艺设备有限公司沈文迪董事长

上海华维可控农业科技集团股份有限公司吕名礼董事长

凌兴灌溉科技（宁波）有限公司范杰伟董事长

余姚市润绿灌溉设备有限公司陈春波董事长

宁波亿川工程管理有限公司夏鑫董事长

余姚市德成灌溉设备厂黄俞德董事长

厦门华最灌溉设备科技有限公司何光强董事长

福建阿尔赛斯流体科技有限公司张功荣董事长、张琛总经理

衷心感谢北京水源保护基金会，不辞劳苦募集捐赠款，才使本书付梓出版；

衷心感谢中央农业广播学校秦宁老师，对本书出版策划、指导；

衷心感谢中国农业大学严海军教授百忙中为本书悉心审稿；

衷心感谢中国农业科学技术出版社崔改泵主任为本书殚精竭虑、精心编缉；

衷心感谢国际灌溉排水委员会荣誉主席高占义教授盛情为本书作序；

衷心感谢原浙江省人大常委会党组书记、现浙江省老科技工作者协会茅临生会长热情为本书作序。

2023 年 12 月

参考文献

［1］康绍康.农业水利学［M］.北京：中国水利水电出版社，2023.

［2］金宏智.我的大型喷灌机之路［M］.北京：中国水利水电出版社，2020.

［3］奕永庆.喷滴灌优化设计［M］.北京：中国水利水电出版社，2018.

［4］陈林.膜下滴灌水稻栽培［M］.北京：中国农业出版社，2015.

［5］奕永庆，沈海标，劳冀韵.喷滴灌效益100例［M］.郑州：黄河水利出版社，2015.

［6］奕永庆，陈吉江，沈海标.余姚市节水型社会建设实践［M］.郑州：黄河水利出版社，2014.

［7］崔党群，王志强，马国岭，等.科普通鉴：农业科技［M］.郑州：河南科学技术出版社，2013.

［8］张承林，邓兰生.水肥一体化技术［M］.北京：中国农业出版社，2012.

［9］彭世彰，杜秀文，虞双恩.水稻节水灌溉技术［M］.郑州：黄河水利出版社，2012.

［10］奕永庆，沈海标，张波.经济型喷滴灌技术100问［M］.杭州：浙江科学技术出版社，2011.

［11］周世峰，王留云.喷灌工程技术［M］.郑州：黄河水利出版社，2011.

［12］姚彬，王留云.微灌工程技术［M］.郑州：黄河水利出版社，2011.

［13］马国瑞.高效使用化肥百问百答［M］.北京：中国农业出版社，2006.

［14］康跃虎.微灌系统水利学解析和设计［M］.西安：陕西科学技术出版社，1999.